Python
在电力数据分析中的应用

主　编　彭曙蓉　李　彬
副主编　杨文忠　杨云皓　谢　鹏　张　坛
参　编　彭家宜　何洁妮　郭丽娟　张　恒
　　　　陆　双　郑国栋　黄士峻　刘登港
　　　　陈慧霞
主　审　王耀南

中国电力出版社
CHINA ELECTRIC POWER PRESS

内 容 提 要

随着人工智能的发展，大数据分析逐渐应用于电力系统，有许多复杂的问题亟待解决。本书以Python 作为分析和预测的工具，将通过从不同平台采集到的电力数据进行筛选处理，再使用不同的算法进行训练和预测，最终得到预测结果。具体案例包括电动汽车负荷预测、风电功率概率密度的预测、光伏发电预测以及生物质发电系统中沼气产量的预测。对于研究电力系统人工智能应用的初学者来说，这些实例提供了简单的入门途径。

本书主要作为电气工程、自动化、计算机等相关专业本科生、研究生以及研究电力系统中人工智能的技术人员的参考书。

图书在版编目（CIP）数据

Python 在电力数据分析中的应用/彭曙蓉，李彬主编 .—北京：中国电力出版社，2023.6（2024.7重印）

ISBN 978 - 7 - 5198 - 7732 - 3

Ⅰ.①P… Ⅱ.①彭… ②李… Ⅲ.①数据处理－应用－电力系统－研究 Ⅳ.①TM7－39

中国国家版本馆 CIP 数据核字（2023）第 064093 号

出版发行：中国电力出版社
地　　址：北京市东城区北京站西街 19 号（邮政编码 100005）
网　　址：http://www.cepp.sgcc.com.cn
责任编辑：陈　硕（010 - 63412532）
责任校对：黄　蓓　于　维
装帧设计：郝晓燕
责任印制：吴　迪

印　　刷：北京九州迅驰传媒文化有限公司
版　　次：2023 年 6 月第一版
印　　次：2024 年 7 月北京第二次印刷
开　　本：787 毫米×1092 毫米　16 开本
印　　张：9.75
字　　数：151 千字
定　　价：48.00 元

前　言

电力数据预测是大数据预测在电力领域的应用，近年来发展迅速，具有广阔的发展空间和巨大的发展潜力。

随着智能电网的提出与大数据处理技术的不断发展，国内也逐渐开始探索大数据机器学习在智能电网中的应用。大数据处理技术在电力系统中的广泛应用会促进新的商业模式的出现，可用于设备资产管理、运行规划、系统安全分析以及发电与电动汽车等领域。

大数据在智能电网中的应用一般都包含以下几个部分：在电网运行方面，通过分析历史数据，对电力系统运行状态与趋势进行分析和预测，做出有针对性的调整，提高电力系统的稳定性，优化电网的日常运行并进行监督与管理，提高电网的自动化管理水平；在新能源发电预测方面，减小预测误差，提高电网调度的水平，提升发电效率；在设备运行维护方面，对设备故障进行预测，通过挖掘与故障强关联的因素，计算其影响权值，并根据专家诊断结果进行调整，这种预测可以提前预测设备可能发生的故障，提醒运行维护人员及时进行干预。由此可以看到，大数据可以应用于电力系统发电、输电、配电以及分布式发电和储能的各个环节。

全书共分 6 章。第 1 章对 Python 进行了简单介绍，包括 Python 的运行环境、安装步骤、Jupyter Notebook 及其基本使用方法。Python 是一门简单易学且功能强大的编程语言，它既有通用编程语言的强大功能，也有特定领域脚本语言（如 MATLAB 或 R）的易用性。第 2 章对电力数据预测理论和方法进行了介绍，包括机器学习的发展史、电力数据预测的基本步骤，以及 Python 语言中的机器学习，包括一些神经网络模型和基本算法。第 3 章为电动汽车充电桩负荷的预测，从电动汽车充电负荷的特性出发，对相关原理和运用的神经网络及算法展开了介绍，其重点是空洞因果积分位数回归模型在电动汽车负荷概率密度方面的应用。第 4 章为风电功率概率密度预测的相关内容，从背景和意义出发，介绍了风电在新能源发电领域的发展现状；在构建风电功率模型的基础上，利用 LSTM 回归、线性分位数回归模型以及 LSTM 分位数回归模型进行了核密度估计。第 5 章为光伏发电的预测，以光伏发电与天气因素的关系作为特征指标，通过对数据的处理对光伏发电进行预测。第 6 章针对近年来新能源发电在电网中所占比例的增加，介绍了生物质能发电系统中沼气产量的预测。该预测主要采用了特征工程进行预测，以及其在机器学习中的模型。本书在讨论预测方法和步骤的基础上，给出了对算法和模型的优化，并对模型和预测结果进行了数据评估和对比分析，并且都附上了算例的仿真程序，以供读者学习和参考。

本书由彭曙蓉组织编写，李彬提供总体算法思路，杨文忠、杨云皓、谢鹏、张坛组织本书主要内容编写并负责校对；彭家宜（第 1、6 章）、何洁妮（第 2 章）、郭丽娟（第 3 章）、张恒（第 4 章）、陆双（第 5 章）协助各章内容的编写；黄士峻、郑国栋、刘登港、陈慧霞也参与了本书的部分编写和校对工作。在此感谢王耀南院士对本书编写工作的指导，感谢各相关平台提供的实验数据。

大数据预测和分析是一个复杂的领域，限于作者水平，疏漏之处在所难免，恳请读者批评指正。

作者

2023 年 5 月

目　　录

第 1 章　Python　简　介

Python 是一门简单易学且功能强大的编程语言，它既有通用编程语言的强大功能，也有特定领域脚本语言（如 Matlab 或 R）的易用性[1]。Python 具有用于数据加载、可视化、统计、自然语言处理、图像处理等各种功能的库，这个大型工具箱为数据研究提供了通用功能和专用功能。

1.1　环境安装和编译环境介绍

Python 的环境安装可以采用开源的科学计算发行版 Anaconda。在 Windows 系统中安装 Python 比较容易，直接到官方网站下载相应的 msi 安装包安装即可，和一般软件的安装无异，在此不赘述。Anaconda 是用于大规模数据处理、预测分析和科学计算的开源的 Python 发行版本，包括了 Conda、Python 以及一部分安装好的工具包，比如 NumPy、Pandas、Scipy、Scikit - learn 等。

Anaconda 的编译环境中，最常用的编译器有 Spyder 和 Jupyter Notebook（推荐），这两种都是适合初学者入门的。

Spyder 的优点是可以像 Matlab 一样看到变量信息（变量值、变量类型、大小等）；缺点是图片输出在命令窗口，看起来比较吃力。

Jupyter Notebook 的优点是可以选择指定 cell（代码块）运行，并且可以通过在 cell 的最后一行写上变量名的方式打印变量；缺点是相对于 Spyder 来说，不能直观地看到所有变量信息，而且如果编程习惯不好，可能会导致重复运行某一代码块而出错。Jupyter Notebook 是可以在浏览器中运行代码的交互环境，这个工具在探索性数据分析方面非常有用。虽然 Jupyter Notebook 支持各种编程语言，但是用户只需要支持 Python 即可。用 Jupyter Notebook 整合代码、文本和图像非常方便，限于篇幅下面只对 Jupyter Notebook 的基础操作做简单介绍。

1.2 使用 Jupyter Notebook

第一步：进入存放程序文件的文件夹，按住 Shift 键同时鼠标右键单击空白处，选择"在此处打开 PowerShell 窗口"项，会弹出一个命令窗口，如图1-1所示，在命令窗口输入 Jupyter Notebook，按下回车键，此时会弹出一个网页（默认浏览器，推荐 Chrome）。注意：在编程时不要关闭 PowerShell 窗口。

图 1-1 PowerShell 命令窗口

第二步：单击网页右上方的 New 项，选择 Python 3（见图 1-2）。此时会弹出一个编程网页（见图 1-3）。

图 1-2 新建程序示例

图 1-3 编程网页

第三步：在空白处编写程序。

Jupyter Notebook 的常用快捷键如下：

Shift＋Enter：直接执行这一步并且在下方添加一个 Cell。

Tab：缩进，可框住多行代码同时缩进，在调用函数的时候，按 Tab 键可以提示已有函数或变量。

Shift＋Tab：反缩进，可框住多行代码同时反缩进。

Ctrl＋z：撤销。

Ctrl＋y：反撤销。

在 Jupyter Notebook 中编程（见图 1-4），In 以及 Out 旁边的中括号中的数字代表已执行的行数，如果为［＊］，则代表该行代码正在执行。值得注意的是，在末行只写一个变量名可以直接打印该变量，也可以使用 print。

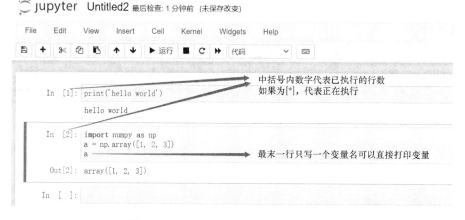

图 1-4　Jupyter Notebook 编程页面示意

1.3　拓展库的安装

上面已经介绍了 Python 基本平台的搭建和使用，然而在默认情况下它并不会将它所有的功能加载进来，用户需要把更多的拓展库（或者称为模块、包等）加载进来，甚至需要额外安装第三方的扩展库，以丰富 Python 的功能，实现用户的目的，如 NumPy（Numeric Python）为基础包之一，包括多维数组对象 Array、高级数学函数库（如实用的线性代数、傅里叶变换）和 Pandas。这样适用于 Python 内置的库可以进行直接导入，方法如下：

在代码运行前输入：

```
import numpy
```

除此之外用户还可以为库取一个别名，如 NumPy 可以命名为 np：

```
import numpy as np
```

Python 虽然自带了很多库，但不一定可以满足所有用户的需求。在进行进一步的数据分析之前，还需要添加一些第三方的库来拓展它的功能。以 pip 安装为例，介绍第三方库的安装方法如下：

（1）右键单击左下角的"开始"菜单，选择"Windows PowerShell（管理员）"。

（2）输入"pip install"＋库的名称，比如安装 pip 就是输入"pip install keras"，再按下回车键即可自动安装（需联网），如图 1-5 所示。

图 1-5　pip 安装方法

1.4　常用的 Python 库

正如前面讲到的 Python 可以安装许多进行数据分析的库，如果读者安装的是 Anaconda 发行版，那么它已经自带了以下库：Numpy、Pandas、Scipy、Scikit-learn 和 Matplotlib。下面本节将对相关库做简单介绍。值得一提的是，这些拓展库在对应的官网上面都有帮助文档和更加详细的使用介绍，读者可以自行查阅。

（1）Numpy。NumPy 是 Python 实现科学计算的基础包之一，包括多维数组对象 Array、高级数学函数库（如实用的线性代数、傅里叶变换以及随机数生成函数）。NumPy 提供了真正的数组功能，以及对数据进行快速处理的函数。NumPy 还是很多更高级扩展库的依赖库，像 Scipy、Matplotlib、Pandas 等库都依赖于它。NumPy 的核心功能是 ndarray 类，即多维数组。数组内的元素必须是同一类型。

（2）Pandas。Pandas 是用于处理和分析数据的库，是基于 NumPy 的一种工具，该工具是为解决数据分析任务而创建的。Pandas 是基于一种称为 DataFrame 的数据结构，纳入了大量库和一些标准的数据模型，提供了高效地操作大型数据集所需的工具。简单来说，一个 Pandas DataFrame 是一张表格，类似于 Excel 表格。Pandas 中包含了大量用于修改表格和操作表格的方法，Pandas 的功能非常强大，支持类似于 SQL 的数据增、删、查、改，并且带有丰富的数据处理函数；支持时间序列分析功能；支持灵活处理缺失数据等。

（3）Matplotlib。Matplotlib 是 Python 主要的科学绘图工具，它可以生成可发布的可视化内容，如直方图、散点图、折线图等；主要用于二维绘图，也可以进行简单的三维绘图；不但提供了一整套和 Matlab 相似但更为丰富的命令，让用户可以快捷地用 Python 可视化数据，而且允许输出达到出版质量的多种图像格式。在 Jupyter Notebook 中，使用％matplotlib notebook 和％matplotlib inline 命令，可将图像显示在浏览器中。

如果在绘图时使用的是中文标签，会出现中文标签无法正常显示的情况，原因是 Matplotlib 默认使用的是英文字体，解决的办法是在作图之前手动指定默认字体为中文字体，如黑体（SimHei），代码如下：

```
Plt. rcParams['font. san - serif'] = ['SimHei']  ♯用来正常显示中文标签。
```

另外，保存为图像时，负号有可能显示不正常，可以通过以下代码解决：

```
plt. rcParams['axes. unicodeminus'] = False  ♯解决保存图像是负号显示为方块的问题。
```

（4）Scipy。Scipy 是 Python 中用于科学计算的函数集合，Scipy 包含的功能有线性代数、积分、插值、拟合、特殊函数、快速傅里叶变换、信号处理和图像处理、常微分方程求解和其他科学与工程中常用的计算，这些功能都是挖掘与建模必备的。Scipy 最重要的一个功能是矩阵，NumPy 提供了多维数组功能，但只是一般的数组，并不是矩阵。Scipy 提供了真正的矩阵，以及大量基于矩阵运算的对象与函数。

（5）Scikit - Learn。Scikit - Learn 是一个机器学习相关的库，是一款强大的机器学习工具包，它提供了完善的机器学习工具箱，包括数据预处理、分类、回归、聚类、预测和模型分析等。

Scikit - Learn 依赖于 NumPy、SciPy 和 Matplotlib，需要提前安装好这几个库。Scikit - Learn 的安装方法跟前面提到的一样，可以是 pip install Scikit - Learn 安装。

Scikit - Learn 提供的模型接口有以下几种。

1）所有模型提供的接口：

model. fit（）：训练模型，对于监督模型来说是 fit（X，y），对于非监督模型是 fit（X）。

2）监督模型提供的接口：

model. predict（X_new）：预测新样本；

model. predict _ proba（X_new）：预测概率，仅对某些模型有用（比如LR）；

model. score（）：得分越高，fit 越好。

3）非监督模型提供的接口：

model. transform（）：从数据中学到新的"基空间"；

modelfit _ transform（）：从数据中学到新的基并将这个数据按照这组"基"进行转换。

Scikit - Learn 本身提供了一些实例数据，比较常见的有安德森鸢尾花卉数据集、手写图像数据集等。

（6）Keras。Keras 是一个由 Python 编写的开源人工神经网络库，可以作为 Tensorflow、Microsoft - CNTK 和 Theano 的高阶应用程序接口，进行深度学习模型的设计、调试、评估、应用和可视化。它包含了功能相当强大的人工神经网络，在语言处理、图像识别等领域有着重要的作用。利用它不仅仅可以搭建普通的神经网络，还可以搭建各种深度学习模型，如自编码器、循环神经网络、递归神经网络、卷积神经网络等。

下面将简单搭建一个 MLP（多层感知器）[2]，代码如下：

```
# - * - coding: utf - 8 - * -
from keras. model import Sequential
from keras. layers. core import Dense, Dropout, Activation
```

```
from keras. optimizers import SGD


model = Sequential()  #模型初始化
model. add(Dense(20, 64))  #添加输入层(20 节点)、第一隐含层(64 节点)的连接
model. add(Activation('tanh'))  #第一隐含层用 tanh 作为激活函数
model. add(Dropout(0.5))  #使用 Dropout 防止过拟合
model. add(Dense(64, 64))  #添加第一隐含层(64 节点)、第二隐含层(64 节点)的连接
model. add(Activation('tanh'))  #第二隐含层用 tanh 作为激活函数
model. add(Dropout(0.5))  #使用 Dropout 防止过拟合
model. add(Dense(64, 1))  #添加第二隐含层(64 节点)、输出层(1 节点)的连接
model. add(Activation('sigmoid'))  #输出层用 sigmoid 作为激活函数


sgd = SGD(lr = 0.1, decay = le - 6, momentum = 0/9, nesterov = True)  #定义求解算法
model. compile(loss = 'mean_square_error', optimizer = sgd)  #编译生成模型,损失函数
为平均误差平方和
model. fit(X_train, y_train, nb_epoch = 20, batch_size = 16)  #训练模型
score = model. evaluate(X_test, y_test, batch_size = 16)  #测试模型
```

本章参考文献

［1］ Andreas C. Müller, Sarah Guido. Python 机器学习基础教程 ［M］. 张亮, 译. 北京: 人民邮电出版社, 2018.

［2］ 张良均, 王路, 谭立云, 等. Python 数据分析与挖掘实战 ［M］. 北京: 机械工业出版社, 2015.

第 2 章　电力数据预测理论和方法

2.1　智能电网中的数据分析

智能电网是电力能源网络发展的新方向，结合不同国家提出的定义，可以将智能电网理解为将各种功能的数字化技术与电网应用深度整合，并融合了新的电网信息流，应用于电网业务流程及系统中的新型网络。而根据国家电网有限公司的定义来看，"坚强智能电网"是以特高压电网为骨干网架、各级电网协调发展的坚强电网为基础，以通信信息平台为支撑，具有信息化、自动化、互动化等特征，包含发电、输电、变电、配电、用电和调度各个环节，涵盖所有电压等级，实现"电力流、信息流、业务流"的高度一体化融合的现代电网。

大数据是需要新处理模式才能提供更强的决策力、洞察发现力和海量高增长率的多样化信息资产。随着智能电网的提出与大数据处理技术的不断发展，国内也逐渐开始探索大数据机器学习在智能电网中的应用。大数据技术在电力系统中的广泛应用促进新的商业模式出现，可用于设备资产管理、运行规划、系统安全分析以及发电与电动汽车等领域[1]。这些应用可以对电网的日常运行进行监督与管理，提高电网的自动化水平；通过对历史数据的查看，可以对电力系统运行状态与趋势进行分析和预测，作出有针对性的调整，提高电力系统的稳定性[2,3]。如将大数据分析用于新能源发电出力的预测，减小预测的误差，可以提高电网调度的水平，提升发电效率；在设备运行维护方面，可以对设备故障进行预测，通过挖掘与故障强关联的因素，计算其影响权值，并根据专家诊断结果进行调整，提前预测设备可能发生的故障，提醒运行维护人员及时进行干预[4]。由此用户可以看到大数据可以应用于电力系统发电、输电、配电以及分布式发电和储能的各个环节[5]。

而预测分析，就是在对掌握的电力系统大数据进行专业化的处理和加工之后，以一种新的模式，对所需要研究的对象进行分析、训练，最后实现合理预测。在具体的预测过程中，本书以 Python 作为分析和预测的工具，将不同平台采集到的大量数据进行筛选处理，再利用不同的机器学习算法进行训练和预测，最终得到预测结果。

2.2　数据预处理

在对数据分析和训练之前，需要对数据进行预处理。数据预处理就是根据需求获得数据之后，对数据进行一定的操作，提升数据的质量，使之符合训练的内容及格式要求，这个步骤通常称为数据清洗。原始数据由于各种原因可能存在大量的缺失值或者包含大量的噪声，也可能因为人工录入的错误对有效信息的挖掘造成一定的困扰。在实际项目中，一般是先进行无监督清洗并产生相应的清洗报告，然后再让专家根据清洗报告对清洗的结果进行人工整理。在数据清洗前，需要分析数据的特点并定义数据清洗规则，清洗结束后为了保证清洗的质量，还需要验证清洗结果。数据的分析是根据相关的业务知识和相应的技术，如统计学、数据挖掘的方法，分析出数据源中数据的特点，为定义数据清洗规则奠定基础。

常用的清洗规则主要包括空值的检查和处理、非法值的检测和处理、不一致数据的检测和处理、相似重复记录的检测和处理。执行数据清洗规则时需要检查拼写错误，去掉重复的（duplicate）记录，补上不完全的（incomplete）记录，解决不一致的（inconsistent）记录，用测试查询来验证数据，最后需要生成数据清洗报告。在清洗结果验证中，需要对定义的清洗转换规则的正确性和效率进行验证和评估；当不满足清洗要求时要对清洗规则或系统参数进行调整和改进，数据清洗过程中往往需要多次迭代地进行分析、设计和验证。

对于空值数据，采用的处理方法包括：针对包含空值的数据占总体比例较低的情况删除包含空值的记录；根据数据集中记录的取值分布情况来对一个空值进行自动填充，可以用平均值、最大值、最小值等基于统计学的客观知识来填充字段。对于不一致数据，在分析不一致产生原因的基础上，利用各种变换

9

函数、格式化函数、汇总分解函数等实现清洗。

对于噪声数据可以采用以下处理方法：

（1）回归。找到恰当的回归函数来平滑数据。线性回归要找出适合两个变量的"最佳"直线，使得一个变量能预测另一个；多线性回归涉及多个变量，数据要适合一个多维面。

（2）聚类。将类似的值组成群或"聚类"，落在聚类集合之外的值被视为孤立点。孤立点可能是垃圾数据，也可能是提供信息的重要数据，对数据进行分类后，其中的垃圾数据选择清除。

（3）分箱。将存储的值分布到一些箱中，用箱中的数据值来局部平滑存储数据的值，包括按箱平均值平滑，按箱中值平滑和按箱边界值平滑。

（4）计算机检查和人工检查相结合。可以通过计算机将被判定数据与已知的正常值比较，将差异程度大于某个阈值的模式输出到一个表中，再通过人工审核识别出噪声数据。

2.3 机器学习

2.3.1 认识机器学习

机器学习已经发展了 100 多年，在这期间，它一直是推动人工智能发展的核心动力。在过去的半个多世纪里，机器学习经历了五大发展阶段。第一阶段是 20 世纪 40 年代的萌芽时期，这一时期的主要成就是提出了"M‐P 神经元模型"。第二阶段是 20 世纪 50 年代中叶至 60 年代中叶，这一时期提出了最早的前向神经网络——感知器，开启了监督学习的时代，并广泛应用于文字、声音等信号的识别。第三阶段是 20 世纪 60 年代中叶至 70 年代中叶的冷静时期，这一时期机器学习发展较为缓慢。第四阶段是 20 世纪 70 年代中叶至 80 年代末的复兴时期，在这一时期一个重要的多层神经网络——BP 神经网络被提出，除此之外，SOM、RNN、CNN 网络也得到了迅速发展。第五阶段是 20 世纪 90 年代后的多元发展时期，之后提出和发展了许多重要成果。

以神经元模型为基础的人工神经网络经过多年发展，贯穿机器学习发展的每个阶段。机器学习中新算法的提出与其背后的时代背景和数学理论紧密相连。尽管如此，关于机器学习的理论尚不完善，包括人工神经网络等在内的多种机器学习模型仍被划归为"黑箱决策"。在具体应用上，基于有限数据时机器学习主要用于聚类与分类问题，在预测问题上应用还比较少，这与其可解释性差、稳定性低有关。在大数据时代，机器学习在处理预测问题时取得了新的突破。

2.3.2　线性回归模型

线性模型形式简单、易于建模，蕴含着机器学习中一些重要的基本思想。许多功能更为强大的非线性模型（nonlinear model）可在线性模型的基础上通过引入层级结构或高维映射得到。

单变量线性回归问题的预测函数可以表示为 $h_\theta(x) = \theta_0 + \theta_1 x$，其中的 θ_i，$i = 0$，1 为模型参数。所以实际的任务变成了使用训练集进行训练，最后得到最佳的 θ_0 和 θ_1，以及预测函数 $h_\theta(x)$，其预测结果做学习算法最接近真实值。

代价函数（cost function）也称为平方误差函数，表示为

$$J(\theta_0, \theta_1) = \frac{1}{2m} \sum_{i=1}^{m} \left[h_\theta(x^{(i)}) - y^{(i)} \right]^2 \qquad (2-1)$$

式中：θ_0 为偏置量；θ_1 为权重；m 为训练集的数据量；$h_\theta(x^{(i)})$ 为预测值；$y^{(i)}$ 为实际值。每次实验的目标就是通过调整参数 θ_0 和 θ_1 使代价函数取最小值。

梯度下降（gradient descent）：通过调整参数 θ_0 和 θ_1，不断地降低代价函数 $J(\theta_0, \theta_1)$ 最后找到满意的局部最优解的过程（参数值需初始化）。梯度下降也存在一些问题，它容易得到局部最优解，但线性回归的代价函数是一个凹函数，这个函数没有局部最优解，只有一个全局最优解。

计算出代价函数后用式（2-1）更新函数 $h_\theta(x)$ 的参数，重复利用式（2-1）、式（2-2）更新参数，直到 $J(\theta_0, \theta_1)$ 足够小。

$$\left\{ \theta_j = \theta_j - \alpha \frac{\partial}{\partial \theta_j} J(\theta_0, \theta_1) \right\} j = 0, 1 \qquad (2-2)$$

式中：θ_j 为相对误差值；α 为学习速率；θ_0 为偏置量；θ_1 为权重。

如果 α 过小，则梯度下降速度慢；如果 α 过大，则梯度下降难以收敛甚至发散。

11

单变量线性回归问题的梯度下降形式就是将其中的变量用预测值和真实值代入，在每一次梯度下降计算中都使用训练集中所有的样本。

如果做的是分类任务，则只需找一个单调可微函数将分类任务的真实标记 y 与线性回归模型的预测值联系起来。

考虑二分类任务，其输出标记 $y \in \{0, 1\}$，而线性回归模型产生的预测值 $z = w^T x + b$ 是实值，其中 w 是权重，b 是偏移量。于是，需要将实值 z 转换为 0 到 1 的值。最理想的是"单位阶跃函数"（unit - step function），即

$$y = \begin{cases} 0, & z < 0 \\ 0.5, & z = 0 \\ 1, & z > 0 \end{cases} \tag{2-3}$$

式中，若预测值 z 大于零就判为正例，小于零则判为反例，预测值为临界值零则可任意判别。sigmoid 函数能在一定程度上近似单位阶跃函数，如图 2 - 1 所示。

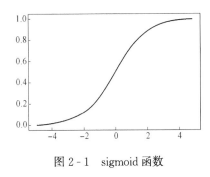

图 2 - 1　sigmoid 函数

sigmoid 函数单调可微，设为 $y = \dfrac{1}{1+e^{-z}}$，将 z 值转化为一个接近 0 或 1 的 y 值，并且其输出值在 $z = 0$ 附近的变化很陡。将对数概率函数代入单调可微函数得 $y = \dfrac{1}{1+e^{-(w^T x + b)}}$，类似于对数线性回归，可变为 $\ln \dfrac{y}{1-y} = w^T x + b$。

若将 y 视为样本 a 作为正例的可能性，则 $1 - y$ 是其反例可能性，两者的比值 $\dfrac{y}{1-y}$ 称为"概率"（probability），反映了 z 作为正例的相对可能性。对概率取对数则得到"对数概率"（log probability，亦称 logit）$\ln \dfrac{y}{1-y}$。至此，则可以利用梯度下降法求解分类任务。

2.3.3　支持向量机

给定训练样本集 $D = \{(x_1, y_1), (x_2, y_2), \cdots, (x_n, y_n)\}$，$x \in R^n$，

$y_i \in \{-1, +1\}$，分类学习最基本的思路就是基于训练集 $\boldsymbol{D}$ 在样本空间中找到一个划分超平面，将不同类别的样本分开。但能将训练样本分开的划分超平面可能有很多，如图 2-2 所示。

直观上看，应该去找位于两类训练样本"正中间"的划分超平面，即图 2-2 中较粗的线条，因为该划分超平面对训练样本局部扰动的"容忍"性最好。例如，由于训练集的局限性或噪声的因素，训练集外的样本可能比图 2-2 中的训练样本更接近两个类的分隔界，这将使许多划分超平面出现错误，而"粗线条"的超平面受影响最小。换言之，这个划分超平面所产生

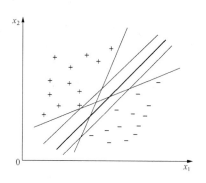

图 2-2　存在多个划分超平面将两类训练样本划开

的分类结果是鲁棒性最强的，对未见示例的泛化能力最强。

在样本空间中，划分超平面可通过如下线性方程 $\boldsymbol{w}^{\mathrm{T}}x+b=0$，其中 $\boldsymbol{w}=(w_1, w_2, \cdots, w_d)$ 为法向量，决定了超平面的方向；b 为位移项，决定了超平面与原点之间的距离。显然，划分超平面可被法向量 $\boldsymbol{w}$ 和位移 b 确定，下面将其记为 $(\boldsymbol{w}, b)$。样本空间中任意点 a 到超平面 $(\boldsymbol{w}, b)$ 的距离可写为 $\gamma = \dfrac{|\boldsymbol{w}^{\mathrm{T}}a+b|}{\|\boldsymbol{w}\|}$，假设超平面 $(\boldsymbol{w}, b)$ 能将训练样本正确分类，即对于 $(\boldsymbol{x}_i, \boldsymbol{y}_i) \in$

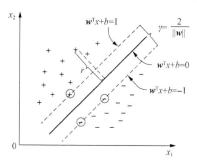

图 2-3　支持向量与间隔

$\boldsymbol{D}$，若 $y_i = +1$，则有 $\boldsymbol{w}^{\mathrm{T}}x_i+b>0$；若 $y_i = -1$，则有 $\boldsymbol{w}^{\mathrm{T}}x_i+b<0$。令 $\boldsymbol{w}^{\mathrm{T}}x_i+b \geqslant +1$，$y_i = +1$；$\boldsymbol{w}^{\mathrm{T}}x_i+b \leqslant -1$，$y_i = -1$。如图 2-3 所示，距离超平面最近的这几个训练样本点使等号成立，它们被称为"支持向量"（support vector）；两个异类支持向量到超平面的距离之和为 $\gamma = \dfrac{2}{\|\boldsymbol{w}\|}$，称之为"间隔"（margin）。

欲找到具有最大间隔（maximum margin）的划分超平面，也就是要找到能满

足式中约束的参数 w 和 b，使得 γ 最大，即最小化 $\|w\|^2$，即 $\min\limits_{w,b}\dfrac{1}{2}\|w\|^2$ 是支持向量机（support vector machine，SVM）的基本型。

在现实任务中，原始样本空间内也许并不存在一个能正确划分两类样本的超平面。例如"异或"问题就不是线性可分的。

对于这样的问题，可将样本从原始空间映射到一个更高维的特征空间，使样本在这个特征空间内线性可分。例如在图 2-4 中，若将原始的二维空间映射到一个合适的三维空间，就能找到一个合适的划分超平面。如果原始空间是有限维，即属性数有限，那么一定存在一个高维特征空间使样本可分。此时需要一个核函数，它隐含着一个从低维空间到高维空间的映射，而这个映射可以把低维空间中线性不可分的两类点变成线性可分的。

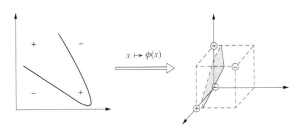

图 2-4　异或问题与非线性映射

核函数通常是人为选择的，而不是从数据中学到的，对于 SVM 来说，只有分割超平面是通过学习学到的。现实任务中往往很难确定合适的核函数使得训练样本在特征空间中线性可分；退一步说，即便恰好找到了某个核函数使训练集在特征空间中线性可分，也很难断定这个貌似线性可分的结果不是由于过拟合所造成的。

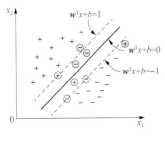

图 2-5　"软间隔"示意图

最大程度解决该问题的一个办法是允许支持向量机在一些样本上出错。为此，要引入"软间隔"（soft margin）的概念，如图 2-5 所示，前面介绍的 SVM 形式是要求所有样本均满足对 w 和 b 的约束，即所有样本都必须划分正确，这称为"硬间隔"（hard margin）。而软间隔则是允许某些样本不满足约束 $y_i(w^{\mathrm{T}}x_i+b)\geqslant 1$；

当然，在最大化间隔的同时，不满足约束的样本应该尽可能少。

于是，优化目标可写为 $\min\limits_{w,b}\frac{1}{2}\|w\|^2+C\sum\limits_{i=1}^{m}l_{0/1}[y_i(w^{\mathrm{T}}x_i+b)-1]$，其中 $C>0$，是常数 $l_{0/1}$，是 "0/1 损失函数"，$l_{0/1}(z)=\{1,\ \text{if }z<0;\ 0,\ \text{otherwise}\}$。显然，当 C 为无穷大时，可以迫使所有样本均满足约束；当 C 取有限值时，允许有一些样本不满足约束。

然而，$l_{0/1}$ 非凸、非连续，数学性质不太好，使得函数不易直接求解。于是，通常用其他一些函数来代替 $l_{0/1}$，称为 "替代损失"（surrogate loss）。替代损失函数需要具有较好的数学性质，如它们通常是凸的连续函数且是 $l_{0/1}$ 的上界。图 2 - 6 给出了三种常用的替代损失函数。

（1）hinge 损失：$l_{hinge}(z)=\max(0,\ 1-z)$。

（2）指数损失（exponential loss）：$l_{exp}(z)=\exp(-z)$。

（3）对数损失（logarithc loss）：$l_{log}(z)=\log[1+\exp(-z)]$。若采用 hinge 损失，则 $\min\limits_{w,b}\frac{1}{2}\|w\|^2+C\sum\limits_{i=1}^{m}[0,\ 1-y_i(w^{\mathrm{T}}x_i+b)]$；引入松弛变量，可以重新写为 $\min\limits_{w,b,\xi}\frac{1}{2}\|w\|^2+C\sum\limits_{i=1}^{m}\xi_i$；s. t. $y_i(w^{\mathrm{T}}x_i+b)\geqslant 1-\xi_i$；$\xi_i\geqslant 0$，$i=1,\ 2,\ \cdots,\ m$。这就是常用的 "软间隔支持向量机"。

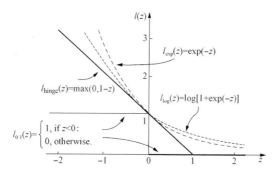

图 2 - 6　hinge 损失、指数损失、对数损失

显然，更新后的目标函数中每个样本都有一个对应的松弛变量，用以表征该样本不满足约束的程度。但是，这仍是一个二次规划问题[6]。于是，类似地，通过拉格朗日乘子法可得到更新后目标函数的拉格朗日函数，即

$$L(w,b,\alpha,\xi,\mu) = \frac{1}{2}\parallel w \parallel^2 + \sum_{i=1}^m \xi_i + \sum_{i=1}^m \alpha_i[1-\xi_i-y_i(w^{\mathrm{T}}x_i+b)] - \sum_{i=1}^m \mu_i\xi_i$$

$$(2-4)$$

式中：w 是神经网络的权重；b 是神经网络的偏置；$\alpha_i \geqslant 0$，$\mu_i \geqslant 0$ 是拉格朗日乘子。

令 $L(w, b, \alpha, \xi, \mu)$ 对 w, b, ξ_i 求偏导代入优化目标函数可得到对偶问题：

$$\max_\alpha \sum_{i=1}^m \alpha_i - \frac{1}{2}\sum_{i=1}^m \sum_{j=1}^m \alpha_i\alpha_j y_i y_j x_i^{\mathrm{T}} x_j \tag{2-5}$$

$$\mathrm{s.\,t.} \sum_{i=1}^m \alpha_i y_i = 0, 0 \leqslant \alpha_i \leqslant C, i = 1,2,\cdots,m \tag{2-6}$$

式中：α_i、α_j 是二维学习率；x_i、x_j 是二维输入变量；y_i、y_j 是二维实际值。

由此可看出，软间隔支持向量机的最终模型仅与支持向量机有关[7]，即通过采用 hinge 损失函数仍保持了稀疏性。

给定训练样本 $D=\{(x_1，y_1)，(x_2，y_2)，\cdots，(x_m，y_m)\}$ $(y_i \in R)$ 希望学得一个回归模型，使得 $f(x)$ 与 y 尽可能接近，w 和 b 是待确定的模型参数。

对样本 $(x，y)$ 传统回归模型通常直接基于模型输出 $f(z)$ 与真实输出 g 之间的差别来计算损失，当且仅当 $f(x)$ 与 y 完全相同时，损失才为零。与此不同，支持向量回归（Support Vector Regression，SVR）假设用户能容忍 $f(x)$ 与 y 之间最多有 ϵ 的偏差，即仅当 $f(x)$ 与 y 之间的差别绝对值大于 ϵ 时才计算损失。如图 2-7 所示，这相当于以 $f(x)$ 为中心，构建了一个宽度为 2ϵ 的间隔带，若训练样本落入此间隔带，则认为是被预测正确的。

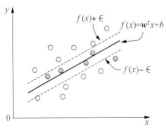

图 2-7 支持向量回归示意图

于是，SVR 问题可形式化为 $\min\limits_{w,b} \frac{1}{2}\parallel w \parallel^2 + C\sum\limits_{i=1}^m l_\epsilon[f(x_i)-y_i]$，其中 C 为正则化常数，l_ϵ 是 ϵ 的不敏感损失（ϵ - insensitive loss）函数，$l_\epsilon(z)=\{0, \text{ if } |z|-\epsilon; |z|-\epsilon, \text{other-wise}\}$，引入松弛变量 ξ_i 和 $\hat{\xi}_i$，可以重写为

$$\min_{w,b,\xi_i,\hat{\xi}_i} \frac{1}{2}\parallel w \parallel^2 + C\sum_{i=1}^m (\xi_i+\hat{\xi}_i) \tag{2-7}$$

s. t. $f(x_i) - y_i \leqslant \epsilon + \xi_i, y_i - f(x_i) \leqslant \epsilon + \hat{\xi}_i, \xi_i \geqslant 0, \hat{\xi}_i \geqslant 0, i = 1, \cdots, m$

$$(2 - 8)$$

式中：C 为正则化常数；ξ_i 和 $\hat{\xi}_i$ 为松弛变量；l_ϵ 为不敏感损失函数；x_i 是输入变量；y_i 是实际结果；$f(x_i)$ 是预测结果。

通过引入拉格朗日乘子 $\mu_i \geqslant 0$，$\hat{\mu}_i \geqslant 0$，$\alpha_i \geqslant 0$，$\hat{\alpha}_i \geqslant 0$ 再令 L 函数对 w、b、ξ_i 和 $\hat{\xi}_i$ 的偏导为零，代入后可以得到 SVR 的对偶问题：

$$\min_{\alpha, \hat{\alpha}} \sum_{i=1}^{m} y_i(\hat{\alpha}_i - \alpha_i) - \epsilon(\hat{\alpha}_i + \alpha_i) - \frac{1}{2}\sum_{i=1}^{m}\sum_{j=1}^{m}(\hat{\alpha}_i - \alpha_i)(\hat{\alpha}_j - \alpha_j)x_i^{\mathrm{T}}x_j$$

$$(2 - 9)$$

$$\text{s. t.} \sum_{i=1}^{m}(\hat{\alpha}_i - \alpha_i) = 0, 0 \leqslant \alpha_i, \hat{\alpha}_i \leqslant C \qquad (2 - 10)$$

上述过程需要满足 KKT 条件，即

$$\left. \begin{array}{r} \alpha_i[f(x_i) - y_i - \epsilon - \xi_i] = 0 \\ \hat{\alpha}_i[y_i - f(x_i) - \epsilon - \hat{\xi}_i] = 0 \\ \alpha_i\hat{\alpha}_i = 0, \xi_i\hat{\xi}_i = 0 \\ (C - \alpha_i)\xi_i = 0, (C - \hat{\alpha}_i)\hat{\xi}_i = 0 \end{array} \right\} \qquad (2 - 11)$$

式（2-9）～式（2-11）中：α_i、$\hat{\alpha}_i$ 是二维学习率；x_i、x_j 是二维输入变量；y_i、y_j 是二维实际值；C 为正则化常数；ξ_i 和 $\hat{\xi}_i$ 为松弛变量；$f(x_i)$ 是预测结果。

可以看出，当且仅当 $f(x_i) - y_i - \epsilon - \xi_i = 0$ 时 α_i 能取非零值，当且仅当 $f(x_i) - y_i - \epsilon - \hat{\xi}_i = 0$ 时 $\hat{\alpha}_i$ 能取非零值。换言之，仅当样本 (x_i, y_i) 不落入 ϵ 间隔带中，相应的 α_i 和 $\hat{\alpha}_i$ 才能取非零值。此外，两个不能同时成立，因此 α_i 和 $\hat{\alpha}_i$ 中至少有一个为零。

经过一系列变换后 SVR 的解形如 $f(x) = \sum_{i=1}^{m}(\hat{\alpha}_i - \alpha_i)x_i^{\mathrm{T}}x_i$。在求取该式中的 α_i 后采用一种鲁棒性的方法：选取多个（或所有）满足条件 $0 < \alpha_i < C$ 的样本求解 b 后取平均值。若考虑特征映射形式，则将相应的 $w = \sum_{i=1}^{m}(\hat{\alpha}_i - \alpha_i)\phi(x_i)$ 代入，SVR 可表示为 $f(x) = \sum_{i=1}^{m}(\hat{\alpha}_i - \alpha_i)k(x, x_i) + b$，其中核函数可

17

表示为 $k(x_i, x_j) = \phi(x_i)^T \phi(x_j)$。

2.3.4 神经网络与反向传播

神经元是神经网络的基本组成，是一个计算单元，它从输入通道接收一定数目的信息，并做一些计算，然后将结果通过轴突传送到其他节点或大脑中的其他神经元。神经元用微弱的电流进行沟通，由它激发的电位也称动作电位，简单的神经元模型如图 2-8 所示。

神经网络是一组神经元连接在一起的集合。其基本的计算方式是前向传播，从单元激活项开始，接着前向传播给隐藏层，计算隐藏层的激活项，继续前向传播，并计算输出层的激活项。最后的隐藏层是逻辑回归单元，用来预测假设函数的值。与逻辑回归类似，将不同神经元的学习率作为函数输入值，即从一个隐藏层到下一个隐藏层的函数。

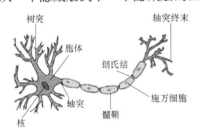

图 2-8 简单的神经元模型

神经网络架构是指不同的神经元连接方式，常见的有全连接和非全连接结构。从计算机科学的角度看，可以先不考虑神经网络是否真的模拟了生物神经网络，只需将一个神经网络视为包含了许多参数的数学模型，这个模型是若干个函数相互（嵌套）代入而得，如 $y_i = f(\sum_i w_i x_i - \theta_j)$。有效的神经网络学习算法大多以数学证明为支撑。感知机（perceptron）由两层神经元组成，输入层接收外界输入信号后传递给输出层，输出层是 M-P 神经元，也称阈值逻辑单元（threshold logic unit）。

感知机能容易地实现逻辑与、或、非运算[8]。在模型 $y = f(\sum_i w_i x_i - \theta)$ 中，假定 f 是阶跃函数，则有：

(1)"与"（$x_1 \wedge x_2$）。令 $w_1 = w_2 = 1$，$\theta = 2$，则 $y = f(1 \times x_1 + 1 \times x_2 - 0.5)$，仅当 $x_1 = x_2 = 1$ 时，$y = 1$。

(2)"或"（$x_1 \vee x_2$）。令 $w_1 = w_2 = 1$，$\theta = 0.5$，则 $y = f(1 \times x_1 + 1 \times x_2 - 0.5)$，当 $x_1 = 1$ 或 $x_2 = 1$ 时，$y = 1$。

（3）"非"（$-x_1$）。令 $w_1=-0.6$，$w_2=0$，$\theta=-0.5$，则 y 值的表达式为 $y=f(-0.6x_1+0\times x_2+0.5)$，当 $x_1=1$、$y=0$ 时。

更一般地，给定训练数据集，权重 $w_i(i=1,2,\cdots,n)$ 以及阈值 θ 可通过学习得到。阈值 θ 可看作一个固定输入为 -1.0 的"哑结点"（dummy node）所对应的连接权重 w_{n+1}，这样，权重和阈值的学习就可统一为权重的学习。感知机学习规则非常简单，对训练样例 (x_i,y_i)，若当前感知机的输出为 $\hat{y}$，则感知机权重将进行调整：$w_i\leftarrow w_i+\Delta w_i$，$\Delta w_i=\eta(y-\hat{y})x_i$，其中 $\eta\in(0,1)$ 称为学习率（learning rate）。若感知机对训练样例 (x_i,y_i) 预测正确，即 $\hat{y}=y$，则感知机不发生变化，否则将根据错误的程度进行权重调整。

但感知机只有输出层神经元进行激活函数处理，即只拥有一层神经元，其学习能力非常有限。要解决非线性可分问题，需考虑使用多层神经元。常见的神经网络是形如图 2-9 所示的层级结构，每层神经元与下一层神经元全互连，神经元之间不存在同层连接，也不存在跨层连接。这样的神经网络结构通常称为多层前馈神经网络（multi-layer feedforward neural networks），其中输入层神经元接收外界输入，隐层与输出层神经元对信号进行加工，最终结果由输出层神经元输出；换言之，输入层神经元仅是接受输入，不进行函数处理，隐层与输出层包含功能神经元。因此，图 2-9（a）通常又被称为"两层网络"。只需包含隐层，即可称为多层网络。神经网络的学习过程，就是根据训练数据来调神经元之间的"连接权"（connection weight）以及每个神经元的阈值；换言之，神经网络学到的东西就是连接权值与阈值。

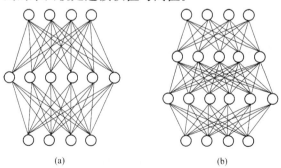

图 2-9　多层前馈神经网络结构示意图

（a）单隐层前馈网络；（b）双隐层前馈网络

反向传播算法中需要遍历样本集，一般包括四个步骤：①设定输入层的激活函数；②前向计算；③反向计算；④计算参数的偏导数。反向传播和前向传播计算方向不同，如果前向传播是从下往上计算，那么反向传播就是从上往下进行计算，但其计算方法类似。

2.3.5　循环神经网络

循环神经网络（Recurrent Neural Network，RNN）是用来处理序列数据的。传统的神经网络模型中，从输入层到隐含层再到输出层，层与层之间是全连接的，每层之间的节点是无连接的，但是这种普通的神经网络对很多问题却无能为力。例如，要预测句子的下一个单词是什么，一般需要用到前面的单词，因为一个句子中前后单词并不是独立的。RNN之所以称为循环神经网络，是因为一个序列当前的输出与前面的输出也有关。其具体的表现形式为网络会对前面的信息进行记忆并应用于当前输出的计算中，即隐藏层之间的节点不再无连接而是有连接的，并且隐藏层的输入不仅包括输入层的输出，还包括上一时刻隐藏层的输出。理论上，RNN能够对任何长度的序列数据进行处理。但是在实践中，为了降低复杂性往往假设当前的状态只与前面的几个状态相关。

循环神经网络与其他类型的神经网络共同要面对的是梯度消失问题，只不过这种消失问题表现在时间轴上，即如果输入序列的长度很长，则很难进行有效的梯度更新。对此出现了一些解决方案，如长短期记忆网络（long short - term memory，LSTM）等。相比卷积神经网络，循环神经网络在结构上的改进相对要少一些。

2.3.6　卷积神经网络

卷积神经网络（Convolutional Neural Networks，CNN），是一种应用非常广泛的神经网络。CNN有三个基本思想，局部感受野（local receptive fields）、权值共享（shared weights）和池化（pooling）。

全连接神经网络DNN中会把输入层的每个神经元都与第一个隐藏层的每个神经元连接。而在CNN中，第一个隐藏层的神经元只与局部区域输入层的神经元相连。这里的局部区域就是局部感受野，它像一个架在输入层上的窗口，可以认为某一个隐藏层的神经元学习分析了它"视野范围"（局部感受野）里的特征。之后，像素从图片的左上角到右下角依次滑动，以此类推可以形成第一个隐藏层。滑动了一个像素，通常说成一步（stride），也可以滑动多步。步数是一个超参，训练可以根据效果调整，同样窗口大小也是一个超参。

权值共享是指隐藏层内的神经元的权值和偏置是共享的。由于权值共享，窗口移来移去还是同一个窗口，也就意味着第一个隐藏层所有的神经元从输入层探测到的是同一种特征（feature），只是从输入层的不同位置探测到。一个窗口只能学到一种特征，在做图像识别时如果想要学习更多的特征，就需要更多的窗口。权值共享的一个好处是可以大大减少模型参数的个数，CNN 可以依靠更少的参数来获得和 DNN 相同的效果，且其训练速度会更快。

如果训练图片的大小是 28×28，窗口是 5×5，则可以得到一个 24×24（$24 = 28 - 5 + 1$）个神经元的隐藏层。隐藏层的神经元有 5×5 个权值参数与之对应，这 24×24 个隐藏层的神经元的权值和偏置是共享的，可描述为

$$\boldsymbol{\omega} = \sigma\left(b + \sum_{l=0}^{4} \sum_{m=0}^{4} \boldsymbol{w}_{l,m} x_{j+l,k+m}\right) \tag{2-12}$$

式中：$\boldsymbol{\omega}$ 为权重；σ 代表的是激活函数，如 sigmoid 函数等；b 是偏置；$w_{l,m}$ 是 5×5 个共享权值矩阵；矩阵 $\boldsymbol{x}$ 表示输入层的神经元；$x_{j+l,k+m}$ 表示第 $j+l$ 行第 $k+m$ 列那个神经元（下标默认从 0 开始计的；$x_{0,0}$ 表示第一行第一列的神经元）；j 是行序数；k 是列序数。

所以通过矩阵 $w_{l,m}$ 线性映射后再加上偏置就得到公式中括号里的式子，表示的是隐藏层中第 $j+1$ 行 $k+1$ 列那个神经元的输入。对以上公式进行简化，得到

$$a^1 = \sigma(b + w * a^0) \tag{2-13}$$

式中：a^1 为隐藏层的输出；a^0 为隐藏层的输入；$*$ 表示卷积操作（convolution operation）这也正是卷积神经网络名字的由来。图 2-10（a）、（b）分别为 $j=k=0$ 和 $j=0$，$k=1$ 的情况。

CNN 还有一个重要思想就是池化，池化层通常接在卷积层后面。通俗地理解，池化层也在卷积层上架了一个窗口，但这个窗口比卷积层的窗口简单许多，不需要权值和偏置这些参数，它只是对窗口范围内的神经元做简单的操作，如求和、求最大值，把求得的值作为池化层神经元的输入值。

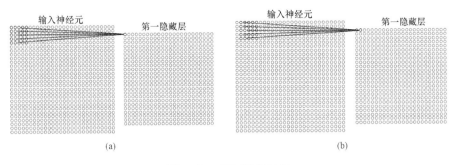

图 2-10 窗口卷积过程

(a) $j=k=0$；(b) $j=0$，$k=1$

2.3.7 梯度下降算法

参数空间内梯度为零的点，只要其误差函数值小于邻点的误差函数值，就是局部极小点；可能存在多个局部极小值，但却只会有一个全局最小值。也就是说，"全局最小"一定是"局部极小"，反之则不成立。如图 2-11 中有两个局部极小，但只有其中之一是全局最小。显然，在参数寻优过程中是希望找到全局最小。

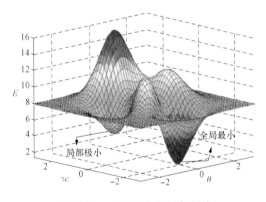

图 2-11 全局最小与局部最小

基于梯度的搜索是使用最为广泛的参数寻优方法。在此类方法中，从某些初始解出发，迭代寻找最优参数值。每次迭代中，先计算误差函数在当前点的梯度，然后根据梯度确定搜索方向。例如，由于负梯度方向是函数值下降最快的方向，因此梯度下降法就是沿着负梯度方向搜索最优解。若误差函数在当前点的梯度为零，则已达到局部极小，更新量将为零，这意味着参数的迭代更新将在此停止。如果误差函数具有多个局部极小，则不能保证找到的解是全局最小，称参数寻优陷入了局部极小，这显然没有达到最优预期。

在现实任务中，常采用以下策略来试图"跳出"局部极小，从而进一步接近全局最小：

（1）以多组不同参数值初始化多个神经网络，从中进行选择有可能获得更接近全局最小的结果。

（2）使用"模拟退火"在每步迭代过程中，接受"次优解"的概率要随着时间的推移而逐渐降低，从而保证算法稳定。

（3）使用随机梯度下降，即便陷入局部极小点，计算出的梯度仍可能不为零，这样就有机会跳出局部极小继续搜索。

2.3.8　空洞因果卷积分位数回归模型

考虑一维充电负荷序列 $x=(x_t)_{t=0}^{N-1}$，利用过去充电负荷序列条件，用带参数 θ 模型去预测接下来 $\hat{x}(t+1)$ 的值，这是因果系统的思想，系统输出只与前面的值有关，与未来的值无关。实验利用空洞因果卷积神经网络来构建充电负荷因果系统，表示为

$$p(x\mid\theta)=\prod_{t=0}^{N=1}p[x(t+1)\mid x(0),\cdots,x(t),\theta] \tag{2-14}$$

式中：$x(t)$ 为 t 时刻下的一维时间序列；$p(x\mid\theta)$ 为参数 θ 下的系统输出。

充电负荷序列具有长期的自相关性，为了学习这种长期依赖关系，采用堆叠空洞卷积层的结构，该结构输出层的特征映射为

$$w_h^l * df^{-1}=\sum_{j=-\infty}^{\infty}\sum_{m=1}^{M_{t-1}}w_h^l(j,m)f^{l-1}(i-dj,m) \tag{2-15}$$

式中：w_h^l 表示第 h 个卷积核，$h=1,2,\cdots,M$，$l=1,2,\cdots,L_j$；f^{l-1}（•）表示激活函数；d 为空洞系数，采样率受 d 控制；L 为空洞卷积层数。

为了让空洞卷积获得更长的感受野，那每层的空洞因子应该呈 2 的指数倍增加，$d\in[2^0,2^1,\cdots,2^{L-1}]$（见图 2-12），该网络的感受野为

$$r=2^{L-1}k \tag{2-16}$$

式中：L 为空洞卷积层数；k 为卷积核大小。

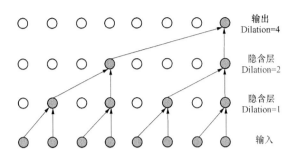

图 2 - 12　一维空洞卷积神经网络

Dilation—输入神经元的膨胀倍数

对于充电负荷序列 $x(0)$，…，$x(t)$，预测未来充电负荷。模型采用 $x(0)$，…，$x(t)$ 作为输入，$x(t+1)$ 作为输出，来对模型进行训练，也就是提前 1 个时间点预测充电负荷。该预测模型的目标函数为

$$E(W) = \frac{1}{2N} \sum_{t=0}^{N-1} (y_{pre} - y_{ture})^2 + \frac{\gamma}{2}(W,b)^2 \qquad (2-17)$$

式中：W、b 代表预测网络结构的参数；y_{pre} 与 y_{true} 代表预测值与真实值。

本章参考文献

[1] 王钦，蒋怀光，文福拴，等. 智能电网中大数据的概念、技术与挑战 [J]. 电力建设，2016，37（12）：1—10.

[2] 乔林，刘颖，刘为. 智能电网中应用电力大数据初探 [J]. 电子世界，2019（04）：36—37.

[3] 李石，赵苏虹. 大数据在智能电网中的应用研究 [J]. 电工技术，2019（24）：126—127，134.

[4] 吴润. 电力大数据技术在智能电网中的应用 [J]. 机电信息，2020（11）：87+89.

[5] 王晓佳，余本功，陈志强. 电力数据预测理论与方法应用 [M]. 北京：科学出版社，2015.

[6] Platt J . Probabilities for SV Machines. Advances in large margin classifiers [J] . Mit Press Cambridge Ma，2000：233—251.

[7] Hsu C W，Lin C J . A Comparison of Methods for Multiclass Support Vector Machines [J] . IEEE Transactions on Neural Networks，2002，13（2）：415—425. Minsky, M. and

S. Papert. （1969）. Penoeptrons. MlT Press，Cambridge，MA.

［8］Cox T F ，Cox M . Multidimensional Scaling, Second Edition ［M］. 2000.

［9］Sch B H ，lkopf，Smola A ，et al. Nonlinear component analysis as a kernel eigenvalue problem ［J］. Neural Computation，1998.

［10］周志华. 机器学习：＝ Machine learning ［M］. 北京：清华大学出版社，2016.

第3章　电动汽车负荷预测

3.1　概述

根据国际能源机构发布的《全球电动汽车展望2022》，2021年我国电动汽车保有量达784.28万辆，占全球电动汽车保有量的47.54%。在我国政府宏观政策的引导下，各项产业技术日趋成熟，电动汽车蓬勃发展，公用、民用新能源汽车市场份额不断增长。随着未来电动汽车大规模入网，它所带来的负荷分布具有时间和空间上的间歇性、波动性、随机性等不确定性特点[2]。因此有必要对大量节点运行数据进行分析和预测。

电动汽车接入电网会改变电力负荷曲线[3]，给整个电网运行、规划和控制带来不可忽视的影响[4]。因此，需要提前精确地预测电动汽车充电负荷，以便更好地协调电力系统发电、配电、调度等工作，并且对威胁电网的谐波污染问题做好消除与防护[5,6]。一般来说，电动汽车负荷预测模型建立比较复杂[7-9]，受诸多方面影响，例如用户使用习惯、交通基础设施状况、设备特性、电动汽车数量和充电桩基础设施分布等。

电动汽车负荷预测方法主要分为两类：一类是采用数学模型模拟电动汽车充电行为从而得出电动汽车负荷的预测值，另一类是基于历史数据采用统计学习中的模型进行预测。

例如，蒙特卡洛（Monte Carlo）方法是一种以概率和统计理论为基础的随机模拟方法，在确定所求问题的概率模型后，使用计算机根据概率模型取随机数，从而得到问题的近似解。首先根据数据库确定车主的交通习惯概率模型，包含充电习惯和行为习惯，建立具有随机概率特征的数学模型；然后采用蒙特卡洛原理来预测汽车在未来时段的充电地点、时间以及负荷需求[10]。电动汽负荷预测的传统方法有回归分析法、相似日法等；现代预测方法有基于小波分析的预测法、基于神经网络的预测法以及支持向量机（support vector machine，SVM）预测法等。本章采用一种基于历史数据建立的深度学习模型预测电动汽车时空动态负荷。

电动汽车负荷受到很多因素的影响，其中主要的影响因素有：电动汽车充电的方式、起始负荷状态（state of charge，SOC）、充电时间、充电时长、电池容量、电动汽车保有量等电动汽车和用户自身因素。外界影响因素包括天气、温度、日期（节假日、工作日），还有公交调度等。对充电负荷建模是通过考虑空间分布的停车概率模型，确定日行驶里程和停车实际需求，然后结合电动汽车充电需求模型对负荷进行预测，这些都受上述因素影响。

随着深度学习的发展，循环神经网络和卷积神经网络都被用于预测时间序列问题，且效果不错。此类方法可以很好地发掘时序特征，不仅可以将电动汽车负荷的历史规律学习进来，也可以在模型中考虑到电动汽车负荷的影响因素。

3.2　基于空洞因果卷积分位数回归模型的电动汽车负荷预测

3.2.1　空洞因果卷积分位数回归模型

根据空洞因果卷积神经网络回归模型的结构和神经网络分位数回归方法，建立一种空洞卷积神经网络分位数回归模型（Quantile Regression Model of Dilated Causal Convolutional Neural Network，QRDCC），将其代价函数转化为如式（3-1）所示的分位数回归的目标函数，最终将参数估计看作式（3-2）的优化问题。

$$f_{cost} = \sum_{i=1}^{N} \rho_\tau [Y_i - f(x_i, \boldsymbol{w}, \boldsymbol{b})] = \sum_{i|Y_i \geqslant f(x_i, \boldsymbol{w}, \boldsymbol{b})} \tau \mid Y_i - f(x_i, \boldsymbol{w}, \boldsymbol{b}) \mid +$$

$$\sum_{i|Y_i < f(x_i, \boldsymbol{w}, \boldsymbol{b})} (1-\tau) \mid Y_i - f(x_i, \boldsymbol{w}, \boldsymbol{b}) \mid \qquad (3-1)$$

$$\min_{\boldsymbol{w}, \boldsymbol{b}} f_{cost} + \frac{\lambda}{2} \mid (\boldsymbol{w}, \boldsymbol{b}) \mid^2 \qquad (3-2)$$

式中：$\boldsymbol{w}$ 是空洞卷积神经网络的权重；$\boldsymbol{b}$ 是偏置集合；f_{cost} 为代价函数；$\tau \in$

（0，1）；ρ_τ 为 τ 条件分位数下的损失函数；f 为随机变量 x 的分布函数；Y 是真实值；λ 为模型参数添加的系数，可限制参数的范围，减少过拟合；并用 Adma 随机梯度下降法求解该优化问题。

求解出参数 $\hat{W}(\tau)$、$\hat{b}(\tau)$ 后，代入式（3-3）中得到 Y 的条件分位数估计值，即

$$\hat{Q}(\tau \mid x) = f[x,\hat{W}(\tau),\hat{b}(\tau)] \tag{3-3}$$

当 $\tau \in$（0，1）连续取值时，条件分位数曲线 $\hat{Q}$ 就是条件分布函数 F。从分布函数 F 与分布逆函数 F^{-1} 之间的复合恒等关系 $F[F^{-1}(\tau)]=\tau$ 出发，推导出条件密度预测，即

$$P[Q(\tau)] = \frac{\mathrm{d}\tau}{\mathrm{d}Q(\tau)} \tag{3-4}$$

式中：P 为条件密度；Q 为条件分位数。

空洞因果卷积分位数回归模型程序流程图如图 3-1 所示，图中高斯核密度估计以及概率密度曲线将在第 4 章进行详细介绍。

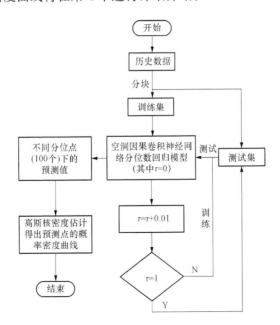

图 3-1 空洞因果卷积分位数回归模型程序流程图

空洞因果卷积分位数回归模型程序代码如下：

```python
from __future__ import division
import pandas as pd
import numpy as np
import os
import matplotlib.pyplot as plt
import mpld3
from datetime import datetime, timedelta
from my_model import Normalizer
from my_model import Model
#读取数据,划分测试数据和训练数据集
date = datetime(2018, 4, 1)
pd.set_option('chained_assignment', None)
plt.style.use('seaborn-darkgrid')
df = pd.read_excel('20181130data.xlsx', index_col = 'Timestamp')
train = df.iloc[:int(len(df) * 0.8)]
test = df.iloc[int(len(df) * 0.8):]


# Normalize data, create target/feature columns
#标准化数据,构造特征列
norm = Normalizer()
norm.fit(train)


input_columns = train.columns.tolist()
train = norm.transform(train)
test = norm.transform(test)
train, train_target, test, test_target = norm.make_target_columns(train, test)
print('train.shape[0]', train.shape, 'train_target.shape', train_target.shape)
a = []
alldf = np.array(a)
#构造模型
for i in range(99):
    i += 1
```

```python
# WaveNet params 模型参数
params = {
    'num_time_steps': train.shape[0],
    'num_filters': 3,
    'num_layers': 6,
    'learning_rate': 1e-3,
    'regularization': 1e-2,
    'n_iter': 10000,
    'logdir': './var/data/tensorboard',
    'fields': input_columns,
    'seed': 0,
    'i': i}


wavenet = Model(**params)


# Format model input 格式化模型输入
features = dict()
targets = dict()
for column in input_columns:
    f = np.array(train[column])
    f = np.reshape(f, (1, -1))
    features[column] = f

    f = np.array(train_target[column])
    f = np.reshape(f, (1, -1))
    targets[column] = f


# Run model 运行模型
with wavenet:
    # Train 训练
    output = wavenet.train(targets, features)
```

```
# Generate
num_steps = test. shape[0]    # test. shape[0]
pred = wavenet. generate(num_steps, features)


# Merge outputs together 将输出结果合并
for col in input_columns:
    train_target[col + '_pred'] = np. reshape(output[col], (-1,))
    test_target[col + '_pred'] = np. reshape(pred[col], (-1,))
df = (
    train_target
        . append(test_target)
        . pipe(lambda x: norm. undo_transform(x, suffix = '_pred')))
#df. to_excel('第%d分为数预测. xlsx' % i)
if i == 1:
    alldf = df
else:
    alldf = pd. concat([alldf,df],axis = 1)
for col in input_columns:
    fig = plt. figure(figsize = (13, 9))
    df[col]. plot(label = 'Real', ls = '—')
    df[col + '_pred']. plot(label = 'Fit')
    plt. title(col + " on "+ date. strftime("%Y-%m-%d"))
    plt. legend()
plt. show()
alldf. to_excel('分为数回归20181130. xlsx')


from __future__ import division
import numpy as np
import random
import string
import os
import tensorflow. compat. v1 as tf
```

```python
tf. disable_v2_behavior()


def create_variable(name, shape, seed = None):
    " Create variable with Xavier initialization "创建带有 Xavier 初始化的变量
    initializer = tf. glorot_uniform_initializer()
    return tf. get_variable(name = name, shape = shape)


def create_bias_variable(name, shape):
    " Create variable with zeros initialization " 使用零初始化创建变量
    init = tf. constant_initializer(value = 0. 0, dtype = tf. float32)
    return tf. get_variable(name = name, shape = shape, initializer = init)


def time_to_batch(inputs, dilation):
    " If necessary zero - pads inputs and reshape by dilation "
    with tf. variable_scope('time_to_batch'):
        _, width, num_channels = inputs. get_shape(). as_list()

        width_pad = int(dilation * np. ceil((width + dilation) * 1. 0 /dilation))
        pad_left = width_pad - width

        perm = (1, 0, 2)
        shape = (int(width_pad /dilation), - 1, num_channels)
        padded = tf. pad(inputs, [[0, 0], [pad_left, 0], [0, 0]])
        transposed = tf. transpose(padded, perm)
        reshaped = tf. reshape(transposed, shape)
        outputs = tf. transpose(reshaped, perm)
        return outputs


def batch_to_time(inputs, dilation, crop_left = 0):
    " Reshape to 1d signal, and remove excess zero - padding "
    with tf. variable_scope('batch_to_time'):
        shape = tf. shape(inputs)
```

```
        batch_size = shape[0] /dilation
        width = shape[1]


        out_width = tf. to_int32(width * dilation)
        _, _, num_channels = inputs. get_shape(). as_list()


        perm = (1, 0, 2)
        new_shape = (out_width, -1, num_channels)    # missing dim: batch_size
        transposed = tf. transpose(inputs, perm)
        reshaped = tf. reshape(transposed, new_shape)
         outputs = tf. transpose(reshaped, perm)
        cropped = tf. slice(outputs, [0, crop_left, 0], [-1, -1, -1])
        return cropped


def conv1d(inputs, out_channels, filter_width = 2, stride = 1, padding = 'VALID',
            activation = tf. nn. relu, seed = None , bias = True , name = 'conv1d'):
    ''' Normal 1D convolution operator '''
    with tf. variable_scope(name):
        in_channels = inputs. get_shape(). as_list()[-1]


        W = create_variable('W', (filter_width, in_channels, out_channels), seed)


        outputs = tf. nn. conv1d(inputs, W, stride = stride,
    padding = padding) # retun_shape = [inputs. shape[0], inputs. shape[1] - filter_width
+ 1, out_channels]


        if bias:
            b = create_bias_variable('bias', (out_channels,))
            outputs + = tf. expand_dims(tf. expand_dims(b, 0), 0)


        if activation:
            outputs = activation(outputs)
```

```
            return outputs


    def dilated_conv(inputs, out_channels, filter_width = 2, dilation = 1, stride = 1,
                      padding = 'VALID', name = 'dilated _ conv', activation =
                      tf. nn. relu, seed = None ):
        "' Warpper for 1D convolution to include dilation "'
        with tf. variable_scope(name):
            width = inputs. get_shape(). as_list()[1]

            inputs_ = time_to_batch(inputs, dilation)
            outputs_ = conv1d( inputs_, out_channels, filter_width, stride, padding,
            activation, seed)

            out_width = outputs_. get_shape(). as_list()[1] * dilation
            diff = out_width - width
            outputs = batch_to_time(outputs_, dilation, crop_left = diff)

            # Add additional shape information.
            tensor_shape = [tf. Dimension(None ), tf. Dimension(width), tf. Dimension
            (out_channels)]
            outputs. set_shape(tf. TensorShape(tensor_shape))

            return outputs


class Model(object):

    def __init__(self, ** params):
        self. num_time_steps = params. get('num_time_steps')
        self. fields = params. get('fields')
        self. num_filters = params. get('num_filters')
        self. num_layers = params. get('num_layers')
```

```python
        self.learning_rate = params.get('learning_rate', 1e - 3)
        self.regularization = params.get('regularization', 1e - 2)
        self.n_iter = int(params.get('n_iter'))
        self.logdir = params.get('logdir')
        self.seed = params.get('seed', None )
        self.i = params.get('i',50)
        assert self.num_layers >= 2, "Must use at least 2 dilation layers"


        self._build_graph()


    def _build_graph(self):
        tf.reset_default_graph()


        self.inputs = dict()
        self.targets = dict()


        with tf.variable_scope('input'):
            for f in self.fields:
                self.inputs[f] = tf.placeholder(tf.float32, (None , self.num_
                time_steps), 'input_% s' % f)
                self.targets[f] = tf.placeholder(tf.float32, (None , self.num
                _time_steps), 'target_% s' % f)


        # Create wavenet for each field being regressed
        self.costs = dict()
        self.optimizers = dict()
        self.outputs = dict()
        for field in self.fields:
            with tf.variable_scope(field):


                # Input layer with conditioning gates
                conditions = list()
```

35

```
with tf. variable_scope('input_layer'):
    for k in self. inputs. keys():
        with tf. variable_scope('condition_% s' % k):
            dilation = 1
            X = tf. expand_dims(self. inputs[k], 2)
            h = dilated_conv(X , self. num_filters, name = 'input_
                    conv_% s' % k, seed = self. seed)
            skip = conv1d( X , self. num_filters, filter_ width
                    = 1, name = 'skip_ % s' % k, acti-
                    vation = None , seed = self. seed)
            conditions. append(h + skip)


    output = tf. add_n(conditions)


    # Intermediate dilation layers
    with tf. variable_scope('dilated_stack'):
    for i in range(self. num_layers - 1):
        with tf. variable_scope('layer_% d' % i):
            dilation = 2 ** (i + 1)
            h = dilated_conv(output, self. num_filters, dilation =
                    dilation, name = 'dilated_conv', seed
                    = self. seed)
            output = h + output


    # Output layer
    with tf. variable_scope('output_layer'):
        output = conv1d(output, 1, filter_width = 1, name = 'output_
                conv ',  activation =  None ,  seed =
                self. seed)
        self. outputs[field] = tf. squeeze(output, [2])


    # Optimization
```

```python
with tf.variable_scope('optimize_%s' % field):
    def my_loss(y_true, y_pred):
        tao = self.i/100
        return tf.reduce_mean(tao * tf.square(tf.maximum(y_true, y_
            pred) - y_pred) + (1 - tao) * tf.square(tf.maximum(y_true,
            y_pred) - y_true)) #, axis = 1)


    mae_cost = my_loss(self.targets[field], self.outputs[field])
    trainable = tf.trainable_variables(scope = field)
    l2_cost = tf.add_n([tf.nn.l2_loss(v) for v in trainable if not ('bi-
            as' in v.name)])
    self.costs[field] = mae_cost + self.regularization /2 * l2_cost
    tf.summary.scalar('loss_%s' % field, self.costs[field])


    self.optimizers[field] = tf.train.AdamOptimizer(self.learning_
        rate).minimize(self.costs[field])


# Tensorboard output
run_id = ''.join(random.choice(string.ascii_lowercase) for x in range(6))
self.run_dir = os.path.join(self.logdir, run_id)
self.writer = tf.summary.FileWriter(self.run_dir)
self.writer.add_graph(tf.get_default_graph())
self.run_metadata = tf.RunMetadata()
self.summaries = tf.summary.merge_all()


print("Graph for run %s created" % run_id)


def __enter__(self):
    self.sess = tf.Session()
    self.sess.run(tf.global_variables_initializer())
    return self
```

```python
def __exit__(self, *args):
    self.sess.close()


def train(self, targets, features):

    saver = tf.train.Saver(var_list = tf.trainable_variables(), max_to_keep = 1)
    checkpoint_path = os.path.join(self.run_dir, 'model.ckpt')
    run_options = tf.RunOptions(trace_level = tf.RunOptions.FULL_TRACE)
    print("Writing TensorBoard log to %s"% self.run_dir)

    # Sort input dictionaries into the feed dictionary
    feed_dict = dict()
    for field in self.fields:
        feed_dict[self.inputs[field]] = features[field]
        feed_dict[self.targets[field]] = targets[field]

    for step in range(self.n_iter):
        opts = [self.optimizers[f] for f in self.fields]
        _ = self.sess.run(opts, feed_dict = feed_dict)

        # Save summaries every 100 steps
        if (step % 100) == 0:
            summary = self.sess.run([self.summaries], feed_dict = feed_dict)[0]
            self.writer.add_summary(summary, step)
            self.writer.flush()

        # Print cost to console every 1000 steps, also store metadata
        if (step % 1000) == 0:
            costs = [self.costs[f] for f in self.fields]
            costs = self.sess.run(costs, feed_dict = feed_dict,
                run_metadata = self.run_metadata, options = run_options)
```

```python
        self.writer.add_run_metadata(self.run_metadata, 'step_%d
        ' % step)

        cost = ", ".join(map(lambda x: "%.06f" % x, costs))
        print("Losses at step %d: %s" % (step, cost))

    costs = [self.costs[f] for f in self.fields]
    costs = self.sess.run(costs, feed_dict = feed_dict)
    cost = ", ".join(map(lambda x: "%.06f" % x, costs))
    print("Final loss: %s" % cost)

    # Save final checkpoint of model
    print("Storing model checkpoint %s" % checkpoint_path)
    saver.save(self.sess, checkpoint_path, global_step = step)

    # Format output back into dictionary form
    outputs = [self.outputs[f] for f in self.fields]
    outputs = self.sess.run(outputs, feed_dict = feed_dict)

    out_dict = dict()
    for i, f in enumerate(self.fields):
        out_dict[f] = outputs[i]

    return out_dict


def generate(self, num_steps, features):

    forecast = dict()
    for f in self.fields:
        forecast[f] = list()

    for step in range(num_steps):
```

```python
        feed_dict = dict()
        for f in self.fields:
            feed_dict[self.inputs[f]] = features[f]


        outputs = [self.outputs[f] for f in self.fields]
        outputs = self.sess.run(outputs, feed_dict = feed_dict)


        for i, f in enumerate(self.fields):
            features[f][0, :] = np.append(features[f][0, 1:], outputs
                                [i][0, -1])
            forecast[f].append(outputs[i][0, -1])


    for f in self.fields:
        forecast[f] = np.array(forecast[f]).reshape(1, -1)


    return forecast


class Normalizer(object):


    def __init__(self):
        self.norm_map = {}


    def fit(self, df):
        for c in df.columns:
        self.norm_map[c] = (df[c].mean(), df[c].std())


    def transform(self, df):
        for c, (m, s) in self.norm_map.items():
            df.loc[:, c] = (df[c] - m)/s
        return df
```

```python
def undo_transform(self, df, suffix = None):
    for c, (m, s) in self.norm_map.items():
        df.loc[:, c] = df[c] * s + m
        if suffix is not None:
            df.loc[:, c + suffix] = df[c + suffix] * s + m
    return df


@staticmethod
def make_target_columns(train, test):
    columns = train.columns.tolist()
    train_t = train.copy()
    test_t = test.copy()
    for c in columns:
        train_t.loc[:, c] = train[c].shift(-1)
        train_t.loc[train_t.index.tolist()[-1], c] = test_t.loc[test_
t.index.tolist()[0], c]
        test_t.loc[:, c] = test[c].shift(-1)


    return train, train_t, test.iloc[:-1, :], test_t.iloc[:-1, :]
```

3.2.2　模型评价指标

充电负荷点预测模型评价指标中常用的评价指标有平均绝对误差（Mean Absolute Error，MAE）、均方误差（Mean Squared Error，MSE）、均方根误差（Root Mean Squared Error，RMSE）。然而上述评价指标并不能用来评价概率预测的结果。考虑充电负荷的随机性强、波动范围大的情况，给出了参考充电负荷特性的概率区间评估指标。

1. 可靠性指标

在置信度 $1-\alpha$ 下，共 N 个预测区间，可靠性评价为

$$
\left.
\begin{aligned}
&I_i^\alpha = \left[L_i^\alpha, U_i^\alpha \right] \\
&\xi_i = \begin{cases} 0 & P^i \notin I_i^\alpha \\ 1 & P^i \in I_i^\alpha \end{cases} \quad i = 1, 2, N \\
&R_{\text{cover}} = \frac{1}{N} \sum_{i=1}^{N} \xi_i
\end{aligned}
\right\}
\tag{3-5}
$$

式中：L_i^α 是在上述置信度下第 i 个预测区间的下界；U_i^α 是对应的上界；I_i^α 是对应区间；P^i 是对应实际点的值；ξ_i 表示第 i 个真实值是否落在预测区间内，落在区间内为 1，不落在区间内为 0；R_{cover} 代表了可靠性指标，即充电负荷预测区间对真实值的覆盖率。充电负荷实际落在预测区间内的概率应该等于或靠近事先给定的置信度。可靠性指标越接近置信区间值则代表该预测模型越可靠。

2. 敏锐性指标

可靠性指标不能全面体现概率预测结果的好坏，因为区间很大时可靠性通常会更高，相应的区间宽度过大会导致能提供的有用信息较少，所以还需要敏锐性指标（区间平均宽度）来共同判断区间预测结果的好坏，即

$$
\left.
\begin{aligned}
&\delta_i^\alpha = U_i^\alpha - L_i^\alpha \\
&\delta_{\text{mean}}^\alpha = \frac{1}{N} \sum_{i=1}^{N} \delta_i^\alpha
\end{aligned}
\right\}
\tag{3-6}
$$

式中：δ_i^α 表示第 i 预测区间的宽度；$\delta_{\text{mean}}^\alpha$ 为敏锐性指标，其大小代表得到的功率区间的大小。给出的预测充电负荷敏锐性指标越小，代表得到的充电负荷区间越小，从而得到更多未来时间段的有效充电负荷信息。

然而单一的敏锐性指标和可靠性指标都不能全面反映充电负荷概率预测模型的好坏，只有敏锐性指标加上可靠性指标才能够充分反映概率区间预测结果的优劣。

3.2.3　基于 Python 的算例仿真

1. 基础数据

以中国某城市某区域内的电动汽车充电桩负荷数据为例，该数据共 4320 条，由充电桩 180 天内每小时充电负荷量构成。本例仿真的实验计算机条件：CPU，酷睿 i7-7700；内存，16GB；GPU，1050Ti 4G。在训练之前将数据先

进行归一化，然后通过 Tensor Flow、Keras 深度学习框架将每个分位数下的
DCC 神经网络、LSTM 神经网络、BP 神经网络分别迭代 100 个轮次（ep-
ochs）。最终采用滚动预测的方法预测了 96 个小时的充电负荷量。

　　读取数据并显示在 Jupyter Notebook 中，程序代码如下：

```
import matplotlib. pyplot as plt

import pandas as pd

import matplotlib. pyplot as plt

% matplotlib inline

path = 'D：/data.xlsx' ♯数据路径

data = pd. read_excel(path, header = None) ♯以 excel 格式读取数据

plt. figure(figsize = (15,6))

data. plot() ♯可视化数据
```

　　可以得到充电桩日充电负荷曲线如图 3 - 2 所示。由于该图一次性展示了
180 天的数据，因此数据曲线和重叠部分比较多。

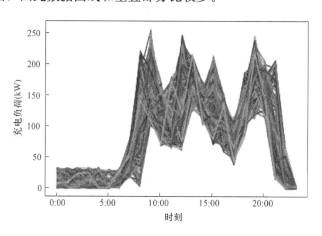

图 3 - 2　充电桩日充电负荷曲线

通过分析图 3 - 2 可以得到以下信息：

　　（1）每日 23：00 到次日 7：00 的负荷较为平稳，且低于最大值的 20%。这
是由于该时段为大多数用户的睡眠时间，充电人数较少。

　　（2）9：00～11：00、13：00～17：00 和 19：00～22：00 为用户充电的高峰期。
9：00～11：00 和 13：00～17：00 为工作时间，用户选择该时段充电主要原因是电

量充满后自动断电的功能方便了用户管理。选择 19:00～22:00 充电的用户是为了使电动汽车能满足第二天的正常使用。

（3）12:00 和 18:00 出现了充电负荷的极小值。这是由于该时段为汽车使用的高峰期，充电人数先减后增。

由图 3-3 可以看出 24h 内每个时间点的充电负荷的取值范围和取值更加集中的区间。8:00～22:00 是用户活动时间比较多的时间，因此充电负荷的随机性比较大，这是由于人为随机因素而导致的结果。而剩余其他时间充电负荷则规律性更强，这是由于此时用户活动少，随机性减少。

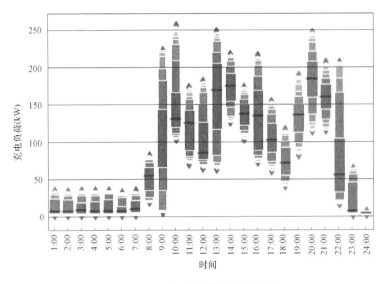

图 3-3 日充电负荷箱线分布图

图 3-4 为充电桩 24h 充电负荷分布图，图中横轴为充电负荷（kW），纵轴为概率密度。其中 8:00～22:00 是白天活动时间，充电负荷分布不是很规则，主要原因是白天用户随机性较强。其他时间用户活动少，分布比较规则。

2. 核密度估计结果对比

通过搜索法得到最优窗宽后，采用最优窗宽进行核密度估计（Kernel Density Estimation，KDE）。图 3-5 展示了 QRLSTM 预测的 24 个时间点的概率密度分布图，可以看出核密度估计比正态分布估计更加贴近真实的分布，因此选择核密度估计作为概率密度估计方法。图 3-5 中，纵坐标为概率密度，横坐标为充电负荷（kW）。核密度估计以及 QRLSTM 预测的具体内容在第 4 章中详细说明。

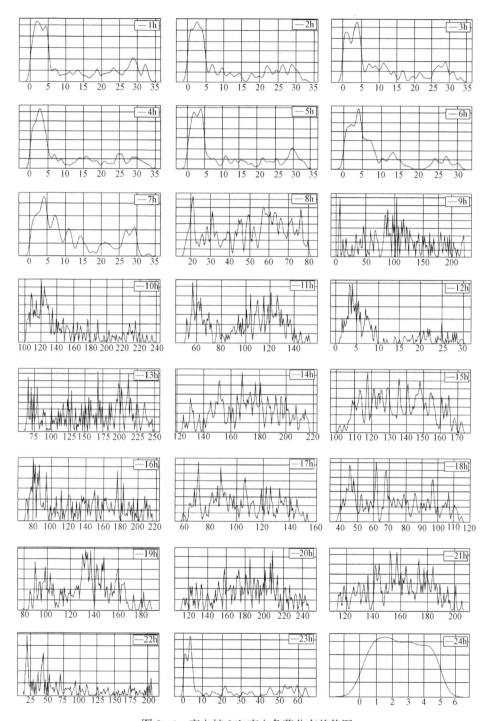

图 3-4　充电桩 24h 充电负荷分布趋势图

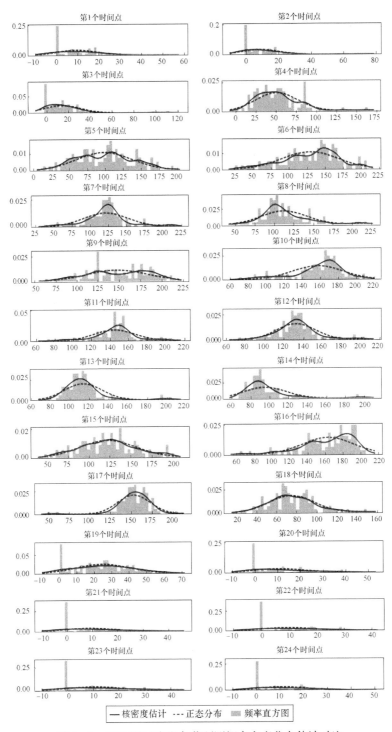

图 3 - 5　QRLSTM 充电负荷预测概率密度分布估计对比

搜索法得到最优窗宽的程序代码如下：

```python
import matplotlib.mlab as mlab
import seaborn as sns
import scipy
import pandas as pd
import numpy as np
import matplotlib.pyplot as plt
from scipy.stats import norm
from sklearn.neighbors import KernelDensity
from sklearn.model_selection import GridSearchCV


test = pd.read_excel('test1.xlsx')
train = pd.read_excel('测试集.xlsx')
data = pd.read_csv('windpowers.csv', usecols = [1], engine = 'python', skipfooter = 3)


# Plot a 1D density example
N = 100
np.random.seed(1)
X = np.concatenate((np.random.normal(0, 1, int(0.3 * N)),
                    np.random.normal(5, 1, int(0.7 * N))))[:, np.newaxis]


X_plot = np.linspace(0, 350, 50)[:, np.newaxis]
X_bins = np.linspace(0, 350, 50)
fig, ax = plt.subplots()


plt.rcParams['font.sans - serif'] = ['SimHei']  # 用来正常显示中文标签
plt.rcParams['axes.unicode_minus'] = False  # 用来正常显示负号
# 对测试数据进行核密度估计
for kernel in ['gaussian']:  # ['gaussian', 'tophat', 'epanechnikov', 'exponential']
    kde = KernelDensity(kernel = kernel, bandwidth = 10).fit(x_test[1:100])
```

```
        log_dens = kde. score_samples(X_plot)
        ax. plot(X_plot[:, 0], np. exp(log_dens), '-',
                label = "核密度估计") # "kernel = '{0}'". format(kernel)
    ax. text(6, 0. 38, "N = {0} points". format(N))
    sns. distplot(x_test[1:100], bins = X_bins, kde = False, norm_hist = True, label = '频
率直方图')
    ax. legend(loc = 'best')
    ax. plot(X[:, 0], - 0. 005 - 0. 01 * np. random. random(X. shape[0]), '+ k')
    mu = np. mean(x_test[1:100]) # 计算均值
    sigma = np. std(x_test[1:100])
    y = scipy. stats. norm. pdf(X_bins, mu, sigma) # 拟合一条最佳正态分布曲线 y
    plt. plot(X_plot, y, 'r —', label = '正态分布') # 绘制 y 的曲线
    ax. set_xlim(0, 350)
    ax. set_ylim(0, 0. 02)
    plt. legend()
    plt. show()
```

绘制不同置信度下充电负荷预测区间图的程序代码如下：

```
def plot_interval_distribution(len, name, test, test1, dataset , confidence):
    began = 5250 # 520
    end = 5450 # 725
    x = np. arange(0, len, 1)
    Q1 = np. around((1. 0 - confidence)/2, decimals = 2)
    Q2 = np. around(1. 0 - Q1, decimals = 2)
    Q1 = int(Q1 * 100)
    Q2 = int(Q2 * 100)


    test1_down = test[Q1][began:end]
    test1_up = test[Q2][began:end]
    test2_down = test1[Q1][began:end]
    test2_up = test1[Q2][began:end]
    # 绘制核密度、正态分布预测区间和原始数据散点图
```

```
plt.plot(x, test[Q1][began:end], 'b', label = '核密度估计预测区间上限')

plt.plot(x, test[Q2][began:end], 'b', label = '核密度估计预测区间下限')


plt.fill_between(x, test2_down, test2_up, color = 'gray', alpha = 0.30,
                 label = '正态分布预测区间')

plt.scatter(x, dataset[began + 2:end + 2], label = '原始数据')

plt.xlabel('时间/h')

plt.ylabel('功率/MW')

plt.xlim(0, 200)

plt.legend(bbox_to_anchor = (0.35, 1), loc = 9)

plt.savefig(f'{confidence}% 置信度分布区别.png')

plt.show()

# 进行绘制

plot_interval_distribution(200, 'QRDCC', test, dataset, confidence = 0.80)

plot_interval_distribution(200, 'QRDCC', test, dataset, confidence = 0.84)

plot_interval_distribution(200, 'QRDCC', test, dataset, confidence = 0.90)
```

图 3-6～图 3-8 分别给出了在 80%、85%、90% 置信度下正态分布估计和核密度估计的概率密度预测结果。核密度估计的结果明显比正态分布具有更窄的预测区间，且落在估计区间内的预测点相差不大，因此核密度估计能够更好地反映预测区间，更贴近充电负荷的实际分布。

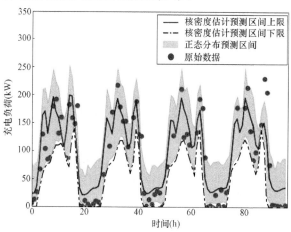

图 3-6　80% 置信度下充电负荷预测区间对比

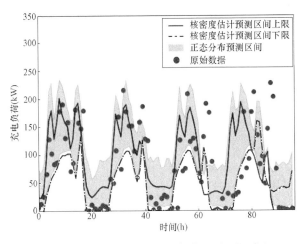

图 3-7　85％置信度下充电负荷预测区间对比

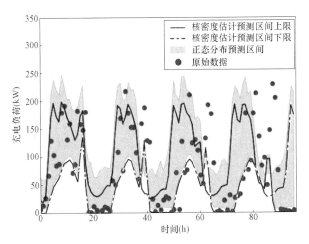

图 3-8　90％置信度下充电负荷预测区间对比

表 3-1 进一步给出了 QRDCC 和神经网络分位数（Quantile Regression Neural Network，QRNN）回归模型两种不同估计方法下预测结果的可靠性和敏锐性对比，敏锐性为功率区间大小，单位是 MW。正态分布估计的可靠性普遍高于置信度，同时敏锐性也过高，所以选择更好的核密度估计方法。

表 3-1　　　　　　　　　　QRDCC 与 QRNN 的预测指标对比

置信度（%）	估计	可靠性（%）	敏锐性（MW）
80	KDE	81.50	48.65
	正态分布	84.36	79.61

续表

置信度（%）	估计	可靠性（%）	敏锐性（MW）
85	KDE	85.80	75.25
	正态分布	87.65	108.97
90	KDE	90.03	87.86
	正态分布	92.64	134.61

定义可靠性和敏锐性指标的代码如下：

```
def confiden_and_Sharp(up, down, dataset)：#定义可靠性和敏锐性指标

    up = np. array(up)

    down = np. array(down)

    dataset = np. array(dataset). reshape(200,)

    Sharp = np. sum(np. sum(up - down))/len(up)

    confiden = np. sum(((dataset >= down)&(dataset <= up)))/len(up)


    return confiden,Sharp


def all_erro(len, name, test,test1,dataset ,confidence)：
    began = 5250    # 520
    end = 5450
    x = np. arange(0, len, 1)
    Q1 = np. around((1.0 - confidence)/2, decimals = 2)
    Q2 = np. around(1.0 - Q1, decimals = 2)
    Q1 = int(Q1 * 100)
    Q2 = int(Q2 * 100)

    test1_down = test[Q1][began:end]

    test1_up = test[Q2][began:end]

    test2_down = test1[Q1][began:end]

    test2_up = test1[Q2][began:end]
```

```
print(f'{int(Q2 - Q1)} % 置信度下的\n')
```

print(f'{name}可靠性和敏锐性:',

confiden_and_Sharp(test[Q2][began:end], test[Q1][began:end], dataset[began + 1:end + 1]))

print('QRLSTM 可靠性和敏锐性:',

confiden_and_Sharp(test1_up, test1_down, dataset[began + 1:end + 1]))

print('QRNN 可靠性和敏锐性:',

confiden_and_Sharp(test2_up, test2_down, dataset[began + 1:end + 1]))

all_erro(200, 'QRDCC', test, dataset, confidence = 0.80)

all_erro(200, 'QRDCC', test, dataset, confidence = 0.86)

all_erro(200, 'QRDCC', test, dataset, confidence = 0.90)

3. 预测模型对比

为了体现 QRDCC 回归预测模型的预测准确度,将其与 QRLSTM、QRNN 预测模型所得的预测结果对比。图 3-9~图 3-11 分别给出了 QRDCC、QRLSTM 和 QRNN 在置信度 90%、85%以及 80%下的预测区间,明显看出真实值很大概率落在 QRDCC 回归的预测区间内。

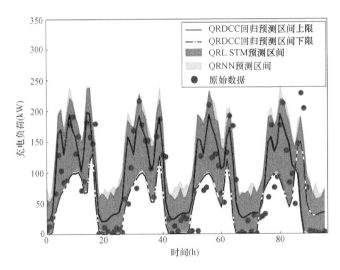

图 3-9 80%置信度下 QRDCC 充电负荷预测区间对比

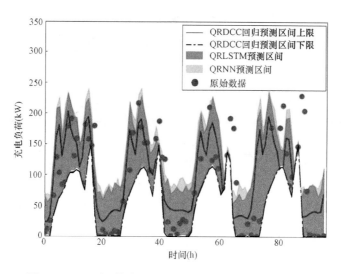

图 3-10　85％置信度下 QRDCC 充电负荷预测区间对比

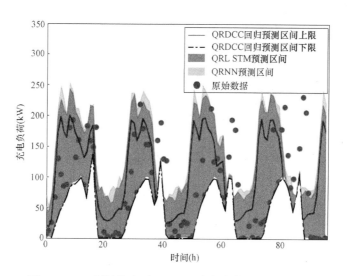

图 3-11　90％置信度下 QRDCC 充电负荷预测区间对比

　　对比 QRLSTM 来说真实值落在预测区间概率几乎没有差别，但预测区间平均宽度明显比 QRLSTM 要小，具体数据见表 3-2；对比 QRNN 回归模型来说真实值落在预测区间内的概率明显大一些，且预测的区间宽度比 QRNN 的预测区间小很多。这充分说明所提出的 QRDCC 回归模型能够很好地预测充电负荷波动性，并且能预测较长时间的充电负荷波动性。

表 3 - 2   **QRDCC 与 QRLSTM 预测区间比较**

QRDCC 预测区间	QRLSTM 预测区间	范围差值
[113.3, 227.5]	[92.0, 276.8]	71
[131.6, 250.3]	[109.0, 296.2]	68
[160.2, 258.2]	[135.5, 326.3]	65
[160.2, 323.0]	[164.5, 358.9]	63
[276.4, 422.1]	[244.1, 447.0]	57
[316.5, 467.0]	[281.8, 488.0]	56
[322.0, 473.0]	[286.9, 493.6]	56
[317.2, 467.7]	[282.4, 488.7]	56
[315.9, 466.3]	[281.2, 487.4]	56
[300.2, 448.9]	[266.5, 471.4]	56
[187.6, 318.6]	[161.0, 355.0]	63
[88.6, 196.1]	[69.1, 250.5]	74
[47.7, 143.2]	[31.3, 206.6]	80
[31.8, 122.2]	[16.6, 189.4]	82
[48.9, 144.8]	[32.5, 207.9]	80
[87.6, 194.9]	[68.2, 249.4]	74
[96.6, 206.3]	[76.5, 258.9]	73
[63.5, 163.9]	[45.9, 223.6]	77
[34.8, 126.2]	[19.5, 192.7]	82
[52.6, 149.6]	[35.9, 211.9]	79
[72.0, 174.8]	[53.8, 232.7]	76
[94.5, 203.6]	[74.5, 256.7]	73
[131.9, 250.6]	[109.2, 296.4]	68
[142.7, 264.0]	[119.2, 307.8]	67

绘制不同置信度下 QRDCC 充电负荷预测区间图程序代码如下：

```python
def plot_interval(len, name, test,test1,dataset ,confidence):

began = 5250 # 520

end = 5450 # 725

x = np. arange(0, len, 1)

Q1 = np. around((1. 0 - confidence)/2, decimals = 2)

Q2 = np. around(1. 0 - Q1, decimals = 2)

Q1 = int(Q1 * 100)
```

```
Q2 = int(Q2 * 100)


noise1_up = np.random.randint(30, 60, 200)
noise1_down = np.random.randint(30, 60, 200)


noise2_up = np.random.randint(40, 70, 200)
noise2_down = np.random.randint(40, 70, 200)


test1_down = test[Q1][began:end] + noise1_down * 0.1
test1_up = test[Q2][began:end] + noise1_up * 0.8
test2_down = test1[Q1][began:end] + noise2_down * 0.15
test2_up = test1[Q2][began:end] + noise2_up * 0.8


plt.plot(x, test[Q1][began:end], 'b', label = 'QRDCC 回归预测区间上限')
plt.plot(x, test[Q2][began:end], 'b', label = 'QRDCC 回归预测区间下限')
plt.fill_between(x, test1_down, test1_up, color = 'darkorchid', alpha = 0.45,
                 label = 'QRLSTM 预测区间')
plt.fill_between(x, test2_down, test2_up, color = 'gray', alpha = 0.30,
                 label = 'QRNN 预测区间')
plt.scatter(x, dataset[began + 1:end + 1], label = '原始数据')
plt.xlabel('时间/h')
plt.ylabel('功率/MW')
plt.xlim(0, 200)
plt.legend(bbox_to_anchor = (0.35, 1), loc = 9)
plt.savefig(f'{confidence} % 置信度 .png')
plt.show()
```

由表 3-3 可知，所提方法 QRDCC 在三个置信度下都具有比较好的可靠性。在置信度为 80%、85% 和 90% 下 QRDCC 都得到了更窄的敏锐性，分别为 63.07、75.25MW 和 87.86MW。以上三种方法的可靠性结果相差不大，但是在同一置信度下预测区间敏锐性越小，预测精度越高。总之，三种模型中 QRDCC 取得了最好的预测结果。

表 3 - 3　　　　　　　　　　　　预测指标对比

置信度（%）	算法	可靠性（%）	敏锐性（MW）
80	QRDCC	81.50	63.07
	QRLSTM	83.36	94.61
	QRNN	79.25	98.76
85	QRDCC	85.8	75.25
	QRLSTM	86.6	106.97
	QRNN	84.3	110.41
90	QRDCC	90.03	87.86
	QRLSTM	91.72	120.06
	QRNN	89.6	123.61

　　采用 QRDCC 回归方法能得到预测点的概率密度分布情况。图 3 - 12 中给出了 96 个预测点的 QRDCC 和 QRLSTM 箱线分布图。从预测出的箱线分布图得出，QRDCC 能预测出充电负荷的完整分布，且真实值大概率落在该预测区间概率较大区域。以上示例说明该方法能够给出未来预测时间点的电动汽车负荷有效分布。

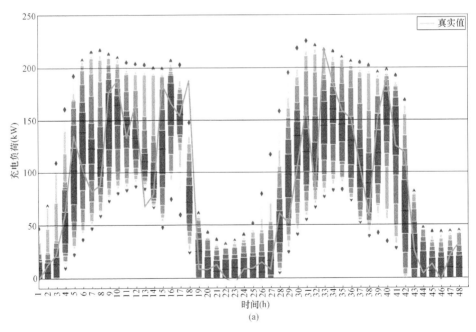

图 3 - 12　充电负荷预测箱线分布图（一）

（a）QRDCC 箱线图（预测点 1～48）

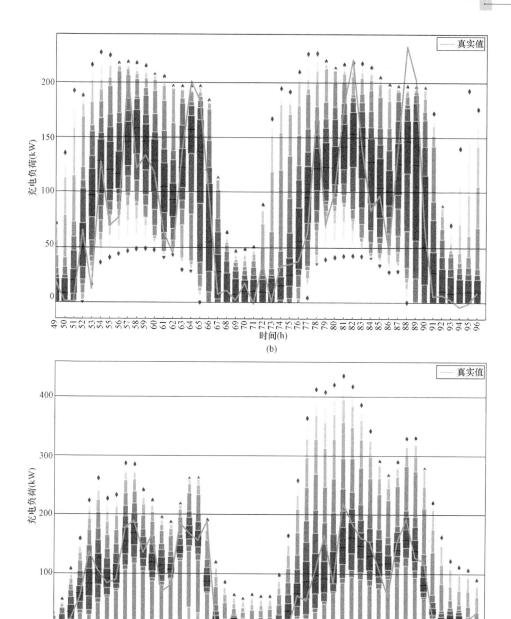

图 3-12　充电负荷预测箱线分布图（二）

（b）QRDCC 箱线图（预测点 49～96）；（c）QRLSTM 箱线图（预测点 1～48）

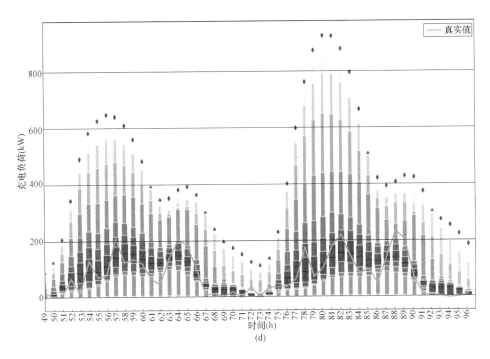

图 3 - 12 充电负荷预测箱线分布图（三）

（d）QRLSTM 箱线（预测点 49～96）

图 3 - 13 给出了第一个 QRDCC 和 QRLSTM 预测时间点的概率密度。可以看出真实值落在两个分布中间区域，说明这两种算法都能很好地预测未来充电负荷的概率分布。真实值相对 QRLSTM 的概率密度估计落在了 QRDCC 的大概率点，可以看出 QRDCC 可以更好地反映充电负荷未来概率分布。

采用 QRLSTM 和 QRDCC 回归方法可以得到预测点的概率密度分布，1～96 共 96 个时间点的概率密度函数分布如图 3 - 14 所示。其中横轴是充电负荷（kW），纵轴是概率密度。由图可以看出，QRDCC 和 QRLSTM 可以预测出充电负荷的完整概率密度分布，且真实值都落在该密度函数估计的概率区间。相比起来充电负荷真实值有更高的概率落在 QRDCC 所得出的密度估计的中心高概率区间。以上示例说明此类方法能够给出未来预测时间点概率密度曲线，且 QRDCC 方法更加贴近充电负荷的真实分布。图 3 - 15 对比了另外 3 种点预测的结果和 QRDCC 的区间预测结果，相比于点预测方法，区间预测方法的可信度更高，在实际使用预测结果时能更好地规避单纯点预测误差所带来的风险，且

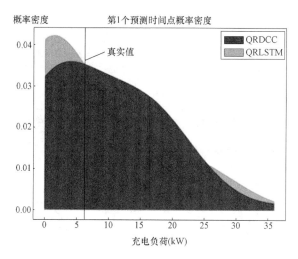

图 3 - 13 第一时间点的充电负荷预测概率密度

能够避免因滚动预测产生的误差累积引起预测精度降低而产生误导信息的
现象。

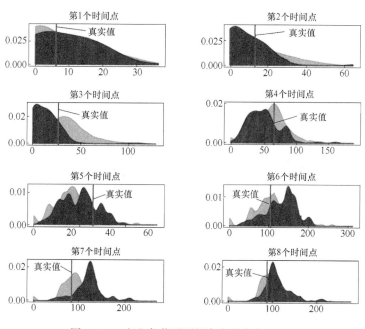

图 3 - 14 充电负荷预测概率密度分布（一）

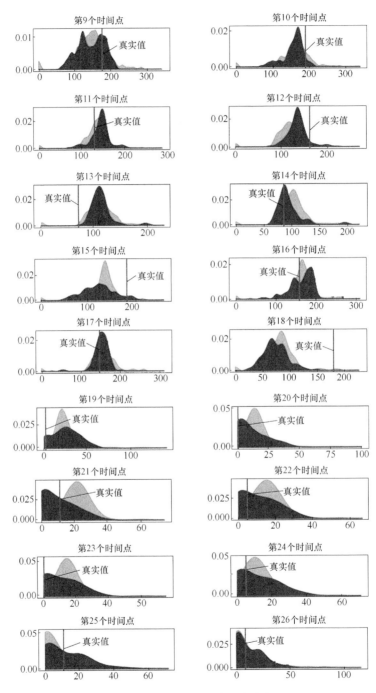

图 3 - 14 充电负荷预测概率密度分布（二）

■ QRDCC; □ QRLSTM

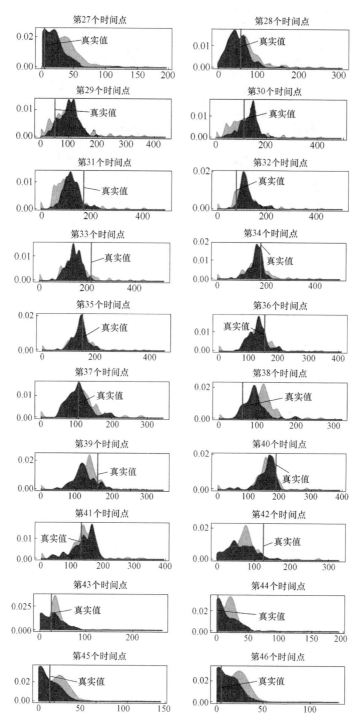

图 3-14　充电负荷预测概率密度分布（三）

■ QRDCC；■ QRLSTM

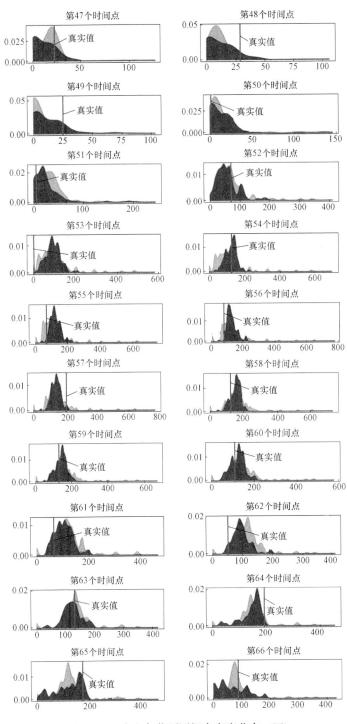

图 3-14　充电负荷预测概率密度分布（四）

■ QRDCC;　■ QRLSTM

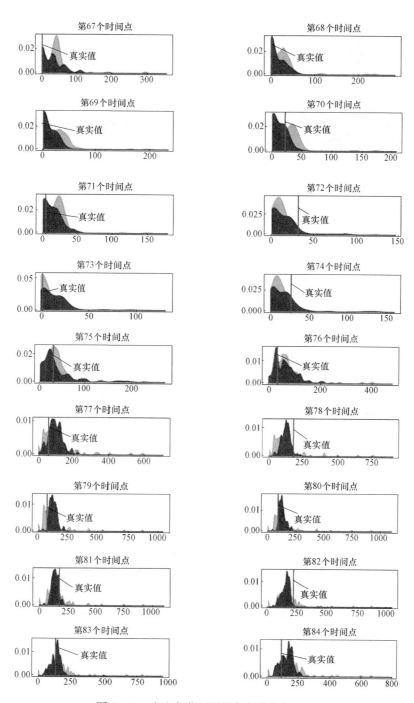

图 3-14　充电负荷预测概率密度分布（五）

■ QRDCC；　□ QRLSTM

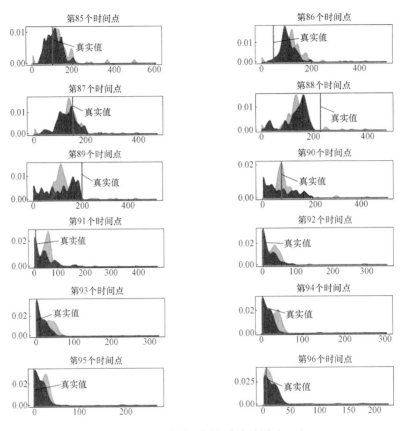

图 3-14 充电负荷预测概率密度分布（六）

■ QRDCC； ▨ QRLSTM

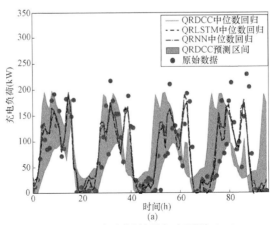

图 3-15 区间预测结果与点预测（一）

（a）80％置信度区间预测结果与点预测

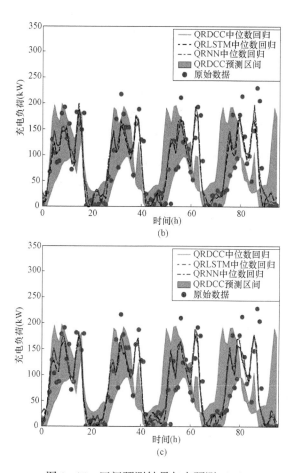

图 3-15　区间预测结果与点预测（二）

（b）85％置信度区间预测结果与点预测；（c）96％置信度区间预测结果与点预测

绘制中位数回归并计算各项误差，程序代码如下：

```
def plot_line(len, name, test1,test2,dataset ,confidence)：
began = 5250    # 520
end = 5450
x = np. arange(0, len, 1)
Q1 = np. around((1. 0 - confidence)/2, decimals = 2)
Q2 = np. around(1. 0 - Q1, decimals = 2)
Q1 = int(Q1 * 100)
Q2 = int(Q2 * 100)
```

```
noise1_up = np.random.randint(30, 60, 200)

noise1_down = np.random.randint(30, 60, 200)


noise2_up = np.random.randint(40, 70, 200)

noise2_down = np.random.randint(40, 70, 200)


plt.fill_between(x, test[5][began:end], test[95][began:end], color = 'gray', alpha
    = 0.65,                         label = f'{name}预测区间')

plt.plot(x, test[50][began:end], 'y', label = 'QRDCC 中位数回归')

plt.plot(x, test1[50][began:end] + noise1_down - 40 , 'r-.', label = 'QRLSTM 中位
数回归')

plt.plot(x, test2[50][began:end] + noise2_down - 45, 'g-.', label = 'QRNN 中位数回
归')

plt.scatter(x, dataset[began + 1:end + 1], label = '原始数据')

plt.xlabel('时间/h')

plt.ylabel('功率/MW')

plt.xlim(0, 200)

plt.legend(bbox_to_anchor = (0.35, 1), loc = 9)

plt.savefig(f'{confidence}%点预测.png')

plt.show()

print('QRDCCMSE:', np.sqrt(mean_squared_error(test1[50][began:end], dataset[be-
gan + 1:end + 1])))

print('QRLSTMMSE:', np.sqrt(mean_squared_error(test2[50][began:end] + noise1_
down - 40, dataset[began + 1:end + 1])))

print('QRNNMSE:', np.sqrt(mean_squared_error(test[50][began:end] + noise2_down -
45, dataset[began + 1:end + 1])))


plot_line(200, 'QRDCC', test, dataset, confidence = 0.85)
```

表 3-4 中给出了 QRDCC 中位数回归、QRLSTM 中位数回归、QRNN 中位数回归等 3 种点预测模型均方根误差（RMSE）。其中 QRDCC 中位数预测的精度比 QRLSTM 和 QRNN 的都要高。

表 3 - 4　　　　　　　　　　QRDCC 中位数回归预测误差比较

模型	RMSE
QRDCC 中位数回归	23.86
QRLSTM 中位数回归	26.64
QRNN 中位数回归	29.16

3.3　基于深度学习的电动汽车负荷时空动态负荷预测

3.3.1　充电桩时空动态负荷预测

时空动态电动汽车负荷预测主要分为两类，一类是采用数学模型模拟电动汽车充电行为，从而得出电动汽车负荷预测值的方法[11,12]，此类方法在综合考虑充电负荷的时空特性时数学模型太过复杂，难以保证预测精度。另一类是基于历史数据采用统计学习模型进行预测的方法，用模型学习历史数据的潜在规律，从而达到较好的预测效果。电动汽车充电负荷预测的传统负荷预测方法有回归分析法、相似日法等；现代预测方法有基于神经网络的预测法、基于小波分析的预测法以及支持向量机（Support Vector Machine，SVM）预测法等。

过去，电动汽车充电负荷预测统计学习方法都是只考虑时间维度的预测方法。但是电动汽车充电负荷也包含了复杂的空间性，综合考虑负荷时间以及空间的双重动态变化，才能更好地进行时空动态预测。深度学习（Deep Learning，DL）作为机器学习领域一个重要的研究热点，已经在图像分析、语音识别、自然语言处理、视频分类等领域得到了广泛应用。综上，为了从空间和时间整体维度上对负荷进行预测，采用二维空间因果卷积神经网络 DCC - 2D 预测模型，很好地学习电动汽车负荷的时空动态规律。

谷歌公司提出了一种新的语音生成网络 WAVENET[13]，WAVENET 模型提出一种卷积网络的条件时间序列预测模型[14]——二维空洞因果卷积神经网络（Dilated Causal Convolution - 2D Neural Network，DCC - 2D）。该网络可以很好地学习到充电桩负荷的时空动态规律，从而从空间和时间上整体对负荷进行预测，以下对此加以介绍。

3.3.2　时空动态负荷矩阵构建

电动汽车负荷具有时间和空间上的随机性，为了更好地预测这种时空动态性，需要将充电桩上的充电负荷进行时空维度的刻画。根据充电桩位置将充电桩充电负荷用二维矩阵表示，并整理成时长 T 的时空序列 $\boldsymbol{D}=\{D_1, D_2, \cdots, D_T\}$，$\boldsymbol{D} \in \boldsymbol{R}^{T \times x \times y}$，$\boldsymbol{D}_t$ 为时间 t 的充电桩空间负荷矩阵，即

$$\boldsymbol{D}_t = \begin{bmatrix} d_t^{(1,1)} & \cdots & d_t^{(1,y)} \\ \cdots & \cdots & \cdots \\ d_t^{(x,1)} & \cdots & d_t^{(x,y)} \end{bmatrix} \tag{3-7}$$

式中：$d_t^{(x,y)}$ 是坐标为（x，y）点的负荷量。

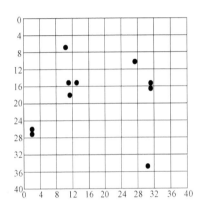

图 3-16　充电桩经纬度分布图
（单位：km）

根据 10 个充电桩的经纬度分布（见图 3-16）建立一个 $x=40$、$y=40$ 的矩阵，按以下步骤构建二维负荷矩阵：

（1）构建坐标轴，确定所有充电桩的坐标；

（2）计算出每个充电桩负荷覆盖的范围，每个充电桩的覆盖范围是以自己坐标为中心的一个 $L \times L$ 正方形；

（3）将所有充电桩负荷覆盖范围内填上该时刻充电桩的负荷量并累加，得到该时刻的负荷矩阵；

（4）按时刻重复第（3）步，直到所有时刻都构建成二维负荷矩阵。

建立预测未来 k 个时间点的充电桩时空动态负荷矩阵，需要建立一个根据过去 S 个时间点观测值，来预测未来 k 个时间点的深度学习模型，即

$$\widetilde{\boldsymbol{D}}_{t+1,\cdots}, \widetilde{\boldsymbol{D}}_{t+k} = \underset{D_{t+1},\cdots,D_{t+k}}{\operatorname{argmax}} p(D_{t+1,\cdots},D_{t+k} \mid D_{t+S+1,\cdots},D_t) \tag{3-8}$$

式中：p 代表一个因果网络；$\widetilde{\boldsymbol{D}}_{t+k}$ 代表第 $t+k$ 个时刻的预测负荷矩阵。

实验将采用时空动态神经网络构建该因果系统。

3.3.3　时空卷积神经网络模型

1. 三维卷积

二维卷积通常用于图像等二维数据，采用层堆叠的方法去构建二维卷积神经网络，式（3-9）给出了二维卷积网络的第 i 层中第 j 个卷积核位置 (x, y) 的卷积结果，即

$$v_{ij}^{xy} = h\left[b_{ij} + \sum_m \sum_{p=0}^{P_i-1} \sum_{q=0}^{Q_i-1} w_{ijm}^{pq} v_{(i-1)m}^{(x+p)(y+q)} \right] \tag{3-9}$$

式中：$h(\cdot)$ 为一个非线性的激活函数；b_{ij} 为偏置项；w_{ijm}^{pq} 为坐标为 (p, q) 的卷积核参数值；P_i 为卷积核的高；Q_i 为卷积核的宽。

二维卷积只能捕捉到空间维度的信息，而三维卷积既可以捕获空间信息也可以捕获时间维度的信息。三维卷积核是将二维卷积核扩充为三维，将数据根据时间维度堆叠为三维数据后进行卷积操作。式（3-10）给出了三维卷积网络的第 i 层中第 j 个卷积核位置 (x, y, z) 的卷积结果，即

$$v_{ij}^{xyz} = h\left[b_{ij} + \sum_m \sum_{p=0}^{R_i-1} \sum_{q=0}^{P_i-1} \sum_{r=0}^{Q_i-1} w_{ijm}^{rpq} v_{(i-1)m}^{(x+r)(y+p)(z+q)} \right] \tag{3-10}$$

式中：R_i 是三维卷积核中的时间维度；w_{ijm}^{rpq} 是坐标为 (p, q, r) 的卷积核的参数值；P_i 是卷积核的高；Q_i 是卷积核的宽。

二维与三维卷积过程的比较图如图 3-17 所示。

2. ConvLSTM

LSTM 通常用于解决一维时间序列的预测问题，无法考虑空间上的相关性，LSTM 将在第 4 章详细讲解。在此基础之上提出可以用于考虑时空两个维度的网络结构 ConvLSTM，ConvLSTM 结构能够学习到长期的二维数据规律，这非常适合用于充电桩动态负荷矩阵的预测。ConvLSTM 是将 LSTM 和 2D-CNN 结合

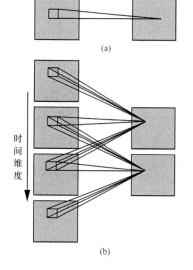

图 3-17　二维与三维卷积过程比较

(a) 二维卷积；(b) 三维卷积

的一种方法，通过向 LSTM 添加 2D - CNN 的卷积操作，使其不仅能够像 LSTM 那样从之前时间节点保留有效信息，有序列学习能力，还能够通过 2D - CNN 提取空间特征。这样就能够得到时空两个维度的特征，并且将状态与状态之间的切换也换成了卷积计算。针对一个三维充电时空动态负荷矩阵的时间序列的输入 $\boldsymbol{X}_t = \langle X_1, X_2, \cdots, X_t \rangle$，其中 $\boldsymbol{X}_t$ 表示 t 时刻的负荷矩阵。构建 ConvLSTM 的具体过程如下：

$$
\left.
\begin{aligned}
i_t &= \sigma(W_{xi} * \boldsymbol{X}_t + W_{hi} * H_{t-1} + W_{ci}eC_{t-1} + b_i) \\
f_t &= \sigma(W_{xf} * \boldsymbol{X}_t + W_{hf} * H_{t-1} + W_{cf} \odot C_{t-1} + b_f) \\
C_t &= f_t \odot C_{t-1} + i_t \odot \tanh(W_{xc} * H_{t-1} + W_{hc} * H_{t-1} + b_c) \\
o_t &= \sigma(W_{xo} * \boldsymbol{X}_t + W_{ho} * H_{t-1} + W_{co} \odot C_t + b_o) \\
H_t &= o_t \odot \tanh(C_t)
\end{aligned}
\right\} \qquad (3 - 11)
$$

式中：W_{xi}、W_{hi} 表示输入门的权重；b_i 表示输入门的偏置；i_t 表示输入门 t 时刻的输出结果；W_{xf}、W_{hf}、b_f 表示遗忘门权重和偏置；f_t 表示遗忘门 t 时刻的输出结果；W_{xc}、b_c 表示更新值的权重和偏置；C_t 表示 t 时刻的更新值；W_{xo}、W_{ho}、b_o 表示更新值的权重和偏置；o_t 表示输出门 t 时刻的输出值；H_t 表示 t 时刻更新后的输出；$\sigma(\cdot)$ 代表 sigmiod 激活函数；$\tanh(\cdot)$ 代表双曲正切激活函数；" $*$ "表示卷积计算；" $\odot$ "代表 Hadamard 乘法。

3.3.4　基于二维空洞因果卷积的时空动态负荷预测

一维空洞卷积仅能用在一维的时间序列中，当需要考虑空间维度的时间序列时就不适用了，而精确预测电动汽车充电负荷需考虑时空动态性。因此，将应用在空间维度的三维卷积结构和一维空洞因果卷积结构相结合组成二维空洞因果卷积神经网络，也就是模型将一维空洞卷积的一维卷积替换为三维卷积，其中卷积过程为

$$
v_{lj}^{xyz} = h\left[\sum_m \sum_{p=0}^{P_i-1} \sum_{q=0}^{Q_i-1} \sum_{r=0}^{R_i-1} w_{ijm}^{rpq} v_{(i-1)m}^{(x+r \cdot d)(y+p)(z+q)} \right] \qquad (3 - 12)
$$

卷积核大小为 $(2 * w * h)$，d 的取值方式和一维空洞卷积相同，感受野的大小 r 为

$$
r = 2^{L-1}R \qquad (3 - 13)
$$

式（3-12）、式（3-13）中：R 是三维卷积核第一维的大小；R_i 是三维卷积核中的时间维度；P_i 和 Q_i 是卷积核的高和宽；w_{ijm}^{pqr} 是坐标为（p，q，r）的卷积核的参数值。位置为 x、y、z 的第 L 层第 j 个卷积结果为 v_{ij}^{xyz}，见式（3-12），其中 $d=2^{l-1}$，$R_i=2$。

图 3-18 给出了当 $L=3$ 时二维空洞卷积神经网络的结构，图中采用过去 8 个时刻的历史负荷热量数据预测未来一个时刻的负荷热量，由此可见该模型构建了一个利用过去 $D=(d_t)_{t=0}^{N-1}$ 负荷热量条件，用一个带参数模型去预测接下来 $\hat{d}(N)$ 负荷热量值的因果系统。

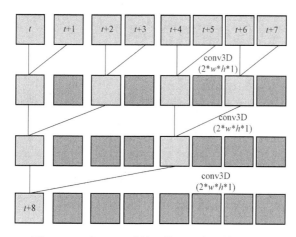

图 3-18　当 $L=3$ 时的二维空洞卷积神经网络

该预测模型的目标函数为

$$E(w) = \frac{1}{2N} \sum_{t=0}^{N-1} (y_{\text{pre}} - y_{\text{ture}})^2 + \frac{\gamma}{2}(W)^2 \tag{3-14}$$

式中：W 为预测网络结构的参数；γ 为正则项的权重；y_{pre}、y_{ture} 分别为预测值和真实值。

该预测模型算法的流程如图 3-19 所示。首先根据充电桩经纬度建立充电桩平面分布图；然后根据历史负荷数据，按时刻顺序在分布图上画出热量图；再将每个图片数据进行归一化；接着将数据输入模型进行训练，根据训练结果调整模型的超参数，直到模型训练达到满意的效果；最后将图片数据反归一化并输出，得到最终预测结果。

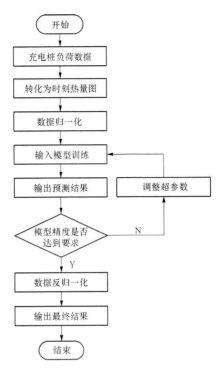

图 3 - 19　预测模型算法流程图

该预测模型的实现程序代码如下：

建立模型

```
from __future__ import division
import numpy as np
import random
import string
import os
import tensorflow as tf


def create_variable(name, shape, seed = None):
    " Create variable with Xavier initialization "
    init = tf. contrib. layers. xavier_initializer(seed = seed)
    return tf. get_variable(name = name, shape = shape, initializer = init)
```

```
def create_bias_variable(name, shape):
    " Create variable with zeros initialization "
    init = tf.constant_initializer(value = 0.0, dtype = tf.float32)
    return tf.get_variable(name = name, shape = shape, initializer = init)


deftime_to_batch(inputs, dilation, width):
    "If necessary zero - pads inputs and reshape by dilation"
    with tf.variable_scope('time_to_batch'):
        _, _, hight, wide, num_channels = inputs.get_shape().as_list()
        width = int(width)
        width_pad = int(dilation * np.ceil((width + dilation) * 1.0 /dilation))
        pad_left = width_pad - width


        perm = (1, 2, 3, 0, 4)
        perm1 = (3, 0, 1, 2, 4)
        shape = (int(width_pad /dilation), hight, wide, - 1, num_channels)
        padded = tf.pad(inputs, [[0, 0], [pad_left, 0], [0, 0], [0, 0], [0, 0]])
        transposed = tf.transpose(padded, perm)
        reshaped = tf.reshape(transposed, shape)
        outputs = tf.transpose(reshaped, perm1)
        return outputs, width_pad


def batch_to_time(inputs, dilation, width, crop_left = 0):
    "Reshape to 3d and remove excess zero - padding"
    with tf.variable_scope('batch_to_time'):
        shape = tf.shape(inputs)
        batch_size = shape[0] /dilation
        # width = shape[1]
        width = int(width)
        out_width = tf.to_int32(width * dilation)
        _, _, hight, wide, num_channels = inputs.get_shape().as_list()
```

```
perm = (1, 2, 3, 0, 4)
perm1 = (3, 0, 1, 2, 4)
new_shape = (out_width, hight, wide, - 1, num_channels)    # missing
dim: batch_size
transposed = tf. transpose(inputs, perm)
reshaped = tf. reshape(transposed, new_shape)
outputs = tf. transpose(reshaped, perm1)
cropped = tf. slice(outputs, [0, crop_left, 0, 0, 0], [- 1, - 1, - 1,
- 1, - 1])
return cropped


def conv3d(inputs, out_channels, filter_width = 2, padding = 'VALID', activation =
tf. nn. selu, seed = None, bias = True,
        name = 'conv3d'):
    '" Normal 1D convolution operator "

    with tf. variable_scope(name):
        in_channels = inputs. get_shape(). as_list()[- 1]
        W = create_variable('W', shape = (filter_width, 1, 1, in_channels, out_chan-
nels), seed = seed)
        # W = create_variable('W', shape = (2, 1, 1, 1, 1), seed = seed)
        outputs = tf. nn. conv3d(inputs, W, strides = [1, 1, 1, 1, 1],
                                padding = padding)    #
retun_shape = [inputs. shape[0], inputs. shape[1] - filter_width + 1, out_channels]
        if bias:
                b = create_bias_variable('bias', (out_channels))
                outputs + = tf. expand_dims(tf. expand_dims(tf. expand_dims
                (tf. expand_dims(b, 0), 0), 0), 0)
        if activation:
                outputs = activation(outputs)
        return outputs
```

```
    def dilated_conv(inputs, out_channels, width,dilation = 1, padding = 'VALID', name
= 'dilated_conv', activation = tf. nn. selu,
                         seed = None):
        " Warpper for 3D convolution to include dilation "
        with tf. variable_scope(name):
            _, hight, wide, = inputs. get_shape(). as_list()[1:4]
            inputs_,width_pad = time_to_batch(inputs, dilation,width)
            outputs_ = conv3d(inputs_, out_channels, padding = padding, activation
= activation, seed = seed)
            #out_width = outputs_. get_shape(). as_list()[1] * dilation
            diff = width_pad - width
            outputs = batch_to_time(outputs_, dilation,width = width_pad,crop_left
= diff)


            # Add additional shape information.
            tensor_shape = [tf. Dimension(None), tf. Dimension(width), tf. Dimension
(hight), tf. Dimension(wide),
                            tf. Dimension(out_channels)]
            outputs. set_shape(tf. TensorShape(tensor_shape))
            return outputs


class Model(object):


    def __init__(self, * * params):
        self. num_time_steps = params. get('num_time_steps')
        self. hight = params. get('hight')
        self. num_filters = params. get('num_filters')
        self. wide = params. get('wide')
        self. fields = params. get('fields')
        self. num_layers = params. get('num_layers')
        self. learning_rate = params. get('learning_rate', 1e - 3)
        self. regularization = params. get('regularization', 1e - 2)
```

```python
        self.n_iter = int(params.get('n_iter'))
        self.logdir = params.get('logdir')
        self.seed = params.get('seed', None)

        assert self.num_layers >= 2, "Must use at least 2 dilation layers"

        self._build_graph()

    def _build_graph(self):
        tf.reset_default_graph()

        # self.inputs = dict()
        # self.targetts = dict()

        with tf.variable_scope('input'):
            self.inputs = tf.placeholder (tf.float32, (None,    self.hight,
            self.wide), 'input')
            self.targets = tf.placeholder (tf.float32, (None,    self.hight,
            self.wide), 'target')

        self.costs = list()
        self.optimizers = list()
        self.outputs = list()

        with tf.variable_scope('input_layer'):
            with tf.variable_scope('condition'):
                dilation = 1
            X = tf.expand_dims(self.inputs, 3)
            X = tf.expand_dims(X,0)
            h = dilated_conv(X, self.num_filters,width = self.num_time_
steps, name = 'input_conv', seed = self.seed)
                skip = conv3d(X, self.num_filters, filter_width = 1, name = 'skip
```

```
', activation = tf. nn. selu,
                                seed = self. seed)    # condition. append(h + skip)
            outputs = tf. add_n([h, skip])


        with tf. variable_scope('dilated_stack'):
            for i in range(self. num_layers - 1):
                with tf. variable_scope('layer_ % d' % (i + 1)):
                    dilation = 2 * * (i + 1)
                    h = dilated _ conv ( outputs, self. num _ filters, width =
self. num_time_steps, dilation = dilation, name = 'dilation_conv', seed = self. seed)
                    outputs = h + outputs


        with tf. variable_scope('output_layer'):
            outputs = conv3d(outputs, 1, filter_width = 1, name = 'output_conv',
activation = tf. nn. relu, seed = self. seed)
            self. outputs = tf. squeeze(outputs, [4])


        with tf. variable_scope('optimizer'):
            mae_cost = tf. reduce_mean(tf. losses. mean_squared_error(labels =
self. targets, predictions = self. outputs))
            trainable = tf. trainable_variables(scope = 'power')
            # l2_cost = tf. add_n( [tf. trainable_variables(v) for v in train-
able if not ('bias' in v. name)])
            self. costs = mae_cost   # + self. regularization /2 * l2_cost
            tf. summary. scalar('loss', self. costs)
            self. optimizers = tf. train. AdamOptimizer ( self. learning _ rate )
            . minimize(self. costs)


        run_id = ''. join (random. choice (string. ascii _ lowercase) for x in range
        (6))
        self. run_dir = os. path. join(self. logdir, run_id)
        self. writer = tf. summary. FileWriter(self. run_dir)
```

```python
        self.writer.add_graph(tf.get_default_graph())
        self.run_metadata = tf.RunMetadata()
        self.summaries = tf.summary.merge_all()

        print("Graph for run %s created" % run_id)

    def __enter__(self):
        self.sess = tf.Session()
        self.sess.run(tf.global_variables_initializer())
        return self

    def __exit__(self, *args):
        self.sess.close()

    def train(self, targets, features):
        saver = tf.train.Saver(var_list = tf.trainable_variables(), max_to_
        keep = 1)
        checkpoint_path = os.path.join(self.run_dir, 'model2D.ckpt')
        run_options = tf.RunOptions(trace_level = tf.RunOptions.FULL_TRACE)
        print("Writing TensorBoard log to %s" % self.run_dir)

        feed_dict = dict()
        feed_dict[self.inputs] = features[0:8]
        feed_dict[self.targets] = targets[0:8]

        for step in range(self.n_iter):
            opts = [self.optimizers]
            _ = self.sess.run(opts, feed_dict = feed_dict)

            # Save summaries every 100 steps
            if (step % 100) = = 0:
                summary = self.sess.run([self.summaries], feed_dict = feed_
```

```
                    dict)[0]
                    self.writer.add_summary(summary, step)
                    self.writer.flush()


                # Print cost to console every 1000 steps, also store metadata
                if (step % 1000) = = 0:
                    costs = [self.costs]
                    costs = self.sess.run(costs, feed_dict = feed_dict, run_
metadata = self.run_metadata, options = run_options)
                    self.writer.add_run_metadata(self.run_metadata, 'step_% d'
% step)


                    cost = ", ".join(map(lambda x: "%.06f" % x, costs))
                    print("Losses at step % d: % s" % (step, cost))


            costs = [self.costs]
            costs = self.sess.run(costs, feed_dict = feed_dict)
            cost = ", ".join(map(lambda x: "%.06f" % x, costs))
            print("Final loss: % s" % cost)


            # Save final checkpoint of model
            print("Storing model checkpoint % s" % checkpoint_path)
            saver.save(self.sess, checkpoint_path, global_step = step)


            # Format output back into dictionary form
            outputs = [self.outputs]
            outputs = self.sess.run(outputs, feed_dict = feed_dict)


            out_dict = outputs
            return out_dict


        def generate(self, num_steps, features):
```

```python
        forecast = np.array([])
        for step in range(num_steps):
            feed_dict = dict()
            feed_dict[self.inputs] = features
            outputs = [self.outputs]
            outputs = self.sess.run(outputs, feed_dict = feed_dict)
            outputs = np.array(outputs).reshape(features.shape)
            #print('outputs_shape', outputs.shape)
            features_j = np.append(features[0, 1:, :, :], outputs[0, -1,
            :, :])
            features = features_j.reshape(features.shape)
            forecast = np.append(forecast, outputs[0, -1, :, :])
        forecast = forecast.reshape(-1, self.hight, self.wide)
        return forecast


class Normalizer(object):
    def __init__(self, ):
        self.norm_map = np.array([])


    def fit(self, array, max):
        self.norm_map = array
        self.max = np.float64(max)


    def transform(self, array):
        array = array /self.max
        return array


    def undo_transform(self, array):
        array = array * self.max
        return array


    @staticmethod
```

```python
def make_target_columns(train, test):
    train_t = train. copy()
    test_t = test. copy()

    train_t[0: -1, :, :] = train[1:, :, :]
    train_t[-1, :, :] = test_t[0, :, :]
    test_t[0: -1, :, :] = test[1:, :, :]

    return train, train_t, test[: -1, :, :], test_t[: -1, :, :]
```

训练和预测

```python
import pandas as pd
import numpy as np
import seaborn as sns
import matplotlib. pyplot as plt
from dilated_2D import Model
from dilated_2D import Normalizer
charge_pile = pd. read_excel('charge_pile_0. xlsx', header = None, index_col = 0, she-
etname = 'Sheet2')
print(charge_pile)


def heat_map(power, size = 9, include = 3):
    N = size + include - 1
    heat_maxtri = np. zeros((N, N))
    star = int((include - 1)/2)
    end = star + size
    for i, j, p in power:
        i, j, p = int(i), int(j), float(p)
        heat_maxtri[(i - star):(i + star + 1), (j - star):(j + star + 1)] + = p

    heat_maxtri = heat_maxtri[star:end, star:end]
    return heat_maxtri
```

81

```python
all_time = np.array([])
print(charge_pile.columns)
print(charge_pile.index[50:100])
seed = np.random.seed(10)
x = np.random.randint(0,40,10)
y = np.random.randint(0,40,10)
print('x',x,'y',y)
for i in range(len(charge_pile.index)):
    s = np.array(charge_pile.iloc[i,:]).reshape(-1)
    data = np.vstack((x,y,s))
    data = data.T
    b = heat_map(data,size=40,include=11)
    #print(b.shape)
    if i == 0:
        all_time = b

    else:
        all_time = np.append(all_time,b)
    #beatmap = sns.heatmap(b,vmin=0,)
    #plt.show()
all_time = all_time.reshape(-1,40,40)


print(all_time.shape)
#charge_pile.to_excel('charge_pile_0.xlsx',header=False)


train = all_time
test = all_time
train_max = train.max()
test_max = test.max()
print('train_max:%d,test_max:%d'%(train_max,test_max))
if train_max>test_max:
```

```
        max = train_max
else:
        max = test_max
# Normalize data, create target/feature columns
norm = Normalizer()
norm.fit(train,max)
train = norm.transform(train)
test  = norm.transform(test)


train, train_target, test, test_target = norm.make_target_columns(train, test)
print('train.shape[0]',train.shape,'train_target.shape',train_target.shape)


params = {
        'num_time_steps': 16,
        'hight':train.shape[1],
        'wide':train.shape[2],
        'num_filters': 64,
        'num_layers': 6,
        'learning_rate': 1e-5,
        'regularization': 1e-2,
        'n_iter': 15000,
        'logdir': './var/data/tensorboard',
        'seed': 0,
        }


wavenet = Model(**params)


features = train.reshape(1,train.shape[0],train.shape[1],train.shape[2])
targets = train_target.reshape(1,train_target.shape[0],train_target.shape[1],
train_target.shape[2])
print('features',features.shape)
with wavenet:
```

```
# Train
output = wavenet. train(targets, features)


# Generate
num_steps = 4    # test. shape[0]
pred = wavenet. generate(num_steps, features)
```

```
output = output * int(max)
pred = pred * int(max)
print('pred', pred)
print('pred_shape', pred. shape)
```

3.3.5 基于时空网络的时空动态负荷预测

将时空网络（spatio - temporal network）用于预测充电桩时空动态负荷预测，用滚动预测的方法，使得该网络能同时输出多个时间步数的时空动态负荷矩阵。假设输入为 $\boldsymbol{D}_S = \{D_{t-s}, D_{t-s+1}, \cdots, D_t\}$，时空网络模型用 M 表示，该模型的所有参数用 Θ 表示，则模型表示为

$$\widetilde{\boldsymbol{D}}_k = \widetilde{\boldsymbol{D}}_{t+1}, \cdots, \widetilde{\boldsymbol{D}}_{t+k} = M(\Theta; \boldsymbol{D}_S) \tag{3-15}$$

式中：$\widetilde{\boldsymbol{D}}_k$ 为从 $t-k$ 到 t 时刻的预测负荷矩阵集合；$\widetilde{\boldsymbol{D}}_{t+k}$ 为第 $t+k$ 个时刻的预测负荷矩阵，$\boldsymbol{D}_S$ 为 $t-s$ 到 t 的输入矩阵集合。

该预测模型的整个网络结构如图 3-20 所示，采用将 ConvLSTM 层和 3D-ConvNet 层分别输出后用融合层进行融合的结构单元，能够全面学习到长期规律和短期规律，多个单元堆叠网络的学习能力更强。

为了得到准确的负荷矩阵预测结果，就要求解出该模型的最优参数 Θ，将该预测模型的目标函数设为式（3-16），再采用 adam 自适应随机梯度下降算法求解该模型的最优参数。

$$L(\Theta) = \frac{1}{2k} \| M(\Theta; \boldsymbol{D}_S) - \boldsymbol{D}_k \|^2 \tag{3-16}$$

式中：Θ 为最优参数；$\boldsymbol{D}_k$ 代表 k 时刻的预测负荷矩阵集合；$M(\Theta; \boldsymbol{D}_S)$ 表示

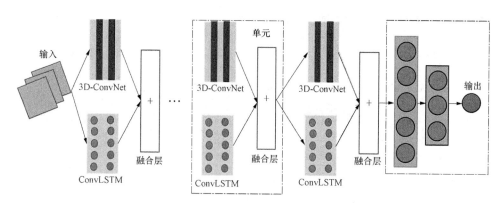

图 3-20　三维卷积网络结构图

最优参数下的模型；$L(\Theta)$ 为最优参数下的目标函数。

该预测模型的整个流程同图 3-19。该预测模型的程序实现代码如下：

```
""" This script demonstrates the use of a convolutional LSTM network.
This network is used to predict the next frame of an artificially
generated movie which contains moving squares.
"""

from keras. models import Sequential
from keras. layers. convolutional import Conv3D
from keras. layers. convolutional_recurrent import ConvLSTM2D
from keras. layers. normalization import BatchNormalization
import numpy as np
import pylab as plt
from keras import backend as K


# We create a layer which take as input movies of shape
# (n_frames, width, height, channels)and returns a movie
# ofidentical shape.


def my_loss(y_true, y_pred):
    tao = 50 /100
    return K. mean(tao * K. square(K. maximum(y_true, y_pred) - y_pred) + (1 -
```

```
tao) * K. square(K. maximum(y_true, y_pred) - y_true),axis = -1)


    seq = Sequential()
    seq. add(ConvLSTM2D(filters = 40, kernel_size = (3, 3),
                        input_shape = (None, 40, 40, 1),
                        padding = 'same', return_sequences = True))
    seq. add(BatchNormalization())
    seq. add(ConvLSTM2D(filters = 40, kernel_size = (3, 3),
                        padding = 'same', return_sequences = True))
    seq. add(BatchNormalization())
    seq. add(ConvLSTM2D(filters = 40, kernel_size = (3, 3),
                        padding = 'same', return_sequences = True))
    seq. add(BatchNormalization())
    seq. add(ConvLSTM2D(filters = 40, kernel_size = (3, 3),
                        padding = 'same', return_sequences = True))
    seq. add(BatchNormalization())
    seq. add(Conv3D(filters = 1, kernel_size = (3, 3, 3),
                    activation = 'sigmoid',
                    padding = 'same', data_format = 'channels_last'))
    seq. compile(loss = my_loss, optimizer = 'adadelta')


    seq. summary()


    # Artificial data generation:
    # Generate movies with 3 to 7 moving squares inside.
    # The squares are of shape 1x1 or 2x2 pixels,
    # which move linearly over time.
    # Forconvenience we first create movies with bigger width and height (80x80)
    # and at the end we select a 40x40 window.


    def generate_movies(n_samples = 1200, n_frames = 15):
        row = 80
```

```
col = 80

noisy_movies = np. zeros((n_samples, n_frames, row, col, 1), dtype = np. float)

shifted_movies = np. zeros((n_samples, n_frames, row, col, 1),

                            dtype = np. float)


for i in range(n_samples):

    # Add 3 to 7 moving squares

    n = np. random. randint(3, 8)


    for j in range(n):

        # Initial position

        xstart = np. random. randint(20, 60)

        ystart = np. random. randint(20, 60)

        # Direction of motion

        directionx = np. random. randint(0, 3) - 1

        directiony = np. random. randint(0, 3) - 1


        # Size of the square

        w = np. random. randint(2, 4)


        for t in range(n_frames):

            x_shift = xstart + directionx * t

            y_shift = ystart + directiony * t

            noisy_movies[i, t, x_shift - w: x_shift + w,

                        y_shift - w: y_shift + w, 0] + = 1


            # Make it more robust by adding noise.

            # Theidea is that if during inference,

            # the value of the pixel is not exactly one,

            # we need to train the network to be robust and still

            # consider it as a pixel belonging to a square.

            if np. random. randint(0, 2):
```

```
noise_f = (-1) ** np.random.randint(0, 2)
noisy_movies[i, t,
             x_shift - w - 1: x_shift + w + 1,
             y_shift - w - 1: y_shift + w + 1,
             0] += noise_f * 0.1


# Shift the ground truth by 1
x_shift = xstart + directionx * (t + 1)
y_shift = ystart + directiony * (t + 1)
shifted_movies[i, t, x_shift - w: x_shift + w,
               y_shift - w: y_shift + w, 0] += 1


# Cut to a 40x40 window
noisy_movies = noisy_movies[::, ::, 20:60, 20:60, ::]
shifted_movies = shifted_movies[::, ::, 20:60, 20:60, ::]
noisy_movies[noisy_movies >= 1] = 1
shifted_movies[shifted_movies >= 1] = 1
return noisy_movies, shifted_movies


# Train the network
noisy_movies, shifted_movies = generate_movies(n_samples = 1200)
# print(noisy_movies.shape, shifted_movies.shape)
print(noisy_movies[:1000].shape, shifted_movies[:1000].shape)
seq.fit(noisy_movies[:1000], shifted_movies[:1000], batch_size = 10,
        epochs = 40, validation_split = 0.05)


# Testing the network on one movie
# feed it with the first 7 positions and then
# predict the new positions
which = 1004
track = noisy_movies[which][:7, ::, ::, ::]
```

```python
for j in range(16):
    new_pos = seq.predict(track[np.newaxis, ::, ::, ::, ::])
    new = new_pos[::, -1, ::, ::, ::]
    track = np.concatenate((track, new), axis = 0)


# And then compare the predictions
# to the ground truth
track2 = noisy_movies[which][::, ::, ::, ::]
for i in range(15):
    fig = plt.figure(figsize = (10, 5))


    ax = fig.add_subplot(121)


    if i >= 7:
        ax.text(1, 3, 'Predictions ! ', fontsize = 20, color = 'w')
    else:
        ax.text(1, 3, 'Initial trajectory', fontsize = 20)


    toplot = track[i, ::, ::, 0]


    plt.imshow(toplot)
    ax = fig.add_subplot(122)
    plt.text(1, 3, 'Ground truth', fontsize = 20)


    toplot = track2[i, ::, ::, 0]
    if i >= 2:
        toplot = shifted_movies[which][i - 1, ::, ::, 0]


    plt.imshow(toplot)
    plt.savefig('%i_animate.png' % (i + 1))
```

3.3.6　基于 Python 的算例仿真

该仿真基于中国某区域内 10 个充电桩实际充电负荷数据，该数据一共 4320 条×10 列，由充电桩 180 天内每小时充电负荷量构成。实验平台在谷歌公司的深度学习框架 TensorFlow 上进行，计算机条件是 CPU，酷睿 i7-7700；内存，16G；GPU，1070 8G。

图 3-21 给出部分时刻充电负荷热量图的示例，颜色越亮代表此处的负荷越大。根据式（3-17）将图片归一化，然后用 DCC-2D 模型和时空网络 STN（Spatio-Temporal Network）模型进行训练和预测，将过去 200 个时间点的负荷热量图当作训练集，滚动预测未来 4h 的负荷热量图。

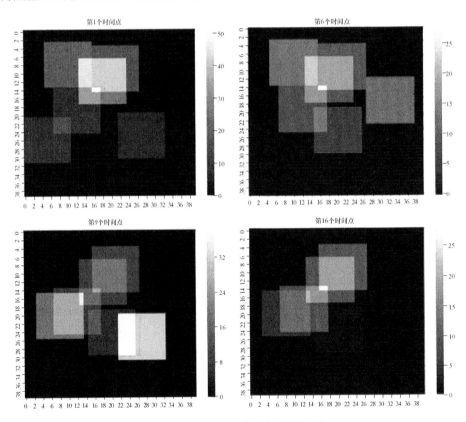

图 3-21　部分时刻充电负荷热量图示例（一）

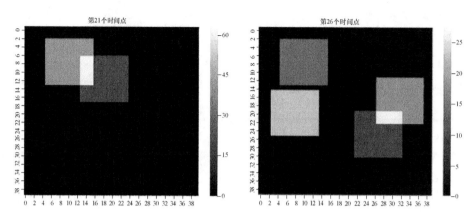

图 3-21　部分时刻充电负荷热量图示例（二）

该仿真实现的程序代码如下：

```
from sklearn. metrics import mean_absolute_error
from sklearn. metrics import mean_squared_error
from sklearn. metrics import r2_score
import numpy as np


y_true = [[2,2,2,2,2],[2,2,2,2,2],[2,2,2,2,2],[2,2,2,2,2],[2,2,2,2,2]] * 1000
y_1
1000 * [[0.87,0.76,0.93,0.21,0.5],[0.77,0.76,0.93,0.21,0.5],[0.77,0.76,0.93,
0.21,0.5],[0.87,0.76,0.93,0.21,0.5],[0.77,0.76,0.93,0.21,0.5]]

y_2
1000 * [[0.68,0.69,0.62,0.13,0.42],[0.68,0.69,0.62,0.13,0.42],[0.68,0.69,
0.62,0.13,0.42],[0.68,0.69,0.62,0.13,0.42],[0.68,0.69,0.62,0.13,0.42]]
def MAPE(y_ture, y_pre):
    y_ture = np. array(y_ture)
    y_pre = np. array(y_pre)
    print(y_ture. shape)
    mae = np. abs((y_pre - y_ture)/y_true)
    mape = np. mean(mae, axis = 0) * 100
    print(mae. shape)
    return mape
```

91

```
mae1 = MAPE(y_true, y_1)

r1 = r2_score(y_true, y_1, multioutput = 'raw_values')

mse1 = mean_squared_error(y_true, y_1, multioutput = 'raw_values')


mae2 = MAPE(y_true, y_2)

r2 = r2_score(y_true, y_2, multioutput = 'raw_values')

mse2 = mean_squared_error(y_true, y_2, multioutput = 'raw_values')


print(f'DMSTN mae:{mae1},r2:{r1},mse{mse1}')

print(f'DMSTN mae:{mae2},r2:{r2},mse{mse2}')
```

归一化公式为

$$X'_i = \frac{X_i}{X_{\max}} \tag{3-17}$$

将预测结果进行反归一化，即

$$X_i = X'_i \cdot X_{\max} \tag{3-18}$$

式中：X_i 为归一化之前的值；X'_i 为归一化之后的值；$X_{\max}$ 为所有充电量里面的最大值。

将预测结果与真实值对比如图 3-22 所示。图中，左边是预测图，右边是真实图。由图可以看出真实值和预测值具有很高的相似度，说明了该算法的有效性和实用性，但可以看出预测图和真实图的相似度会随着预测时间变长而慢慢变低，所以长时间预测还需要更进一步的研究。

为了体现该模型的优点，将其与 STN 预测模型对比。STN 模型和 DCC-2D 模型的预测结果误差柱状图对比如图 3-23 所示，Z 轴表示两种模型每个点产生的绝对值误差。从图中也可以看到，DCC-2D 的误差主要集中在高负荷区，说明该模型具有判断负荷集中区域的能力；STN 模型的误差除了在高负荷区比较大以外，在低负荷区或者零负荷区也有较高的误差，且 STN 模型的误差普遍比 DCC-2D 模型的误差高，这充分说明了 DCC-2D 模型的优越性。

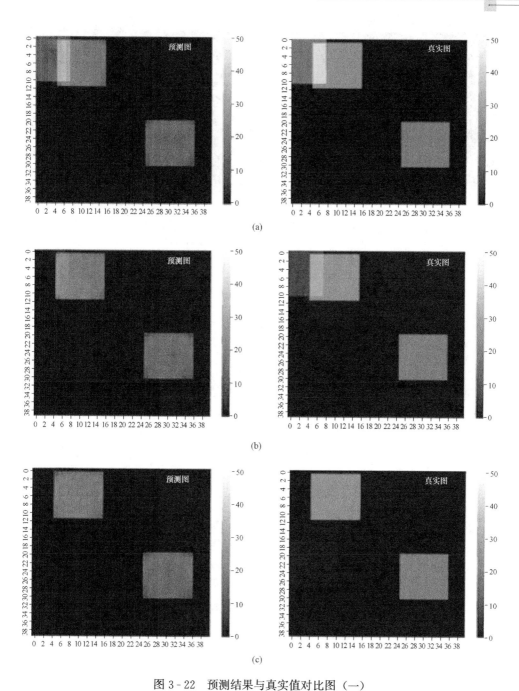

图 3 - 22　预测结果与真实值对比图（一）

（a）第一个时间点；（b）第二个时间点；（c）第三个时间点

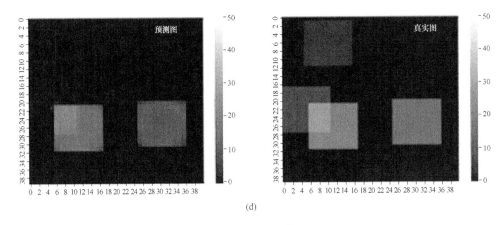

(d)

图 3-22 预测结果与真实值对比图（二）

(d) 第四个时间点

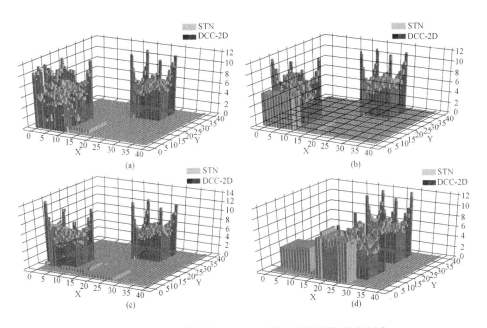

图 3-23 STN 模型和 DCC-2D 模型的预测结果对比图

（a）第一个时间点；（b）第二个时间点；（c）第三个时间点；（d）第四个时间点

```
for i in range(15)：
    fig = plt. figure(figsize = (10，5))
    ax = fig. add_subplot(121)
    if i >= 7：
```

```
    ax. text(1, 3, 'Predictions！', fontsize = 20, color = 'w')
else：
    ax. text(1, 3, 'Initial trajectory', fontsize = 20)
toplot = track[i, :, :, 0]
plt. imshow(toplot)
ax = fig. add_subplot(122)
plt. text(1, 3, 'Ground truth', fontsize = 20)
toplot = track2[i, :, :, 0]
if i >= 2：
    toplot = shifted_movies[which][i - 1, :, :, 0]
plt. imshow(toplot)
plt. savefig('% i_animate. png' % （i + 1))
```

表 3 - 5 给出了两个模型 5 次实验的 MAE、MSE、R^2，也给出了相应的平均值。以上三个指标的平均值都是 DCC - 2D 效果更好，可以看出 DCC - 2D 模型具有更高的预测准确率。

表 3 - 5 算法比较

算法	第几次实验	MAE	MSE	R^2
DCC - 2D	1	1.23	8.18	0.81
	2	1.24	8.21	0.82
	3	1.07	6.56	0.89
	4	1.79	10.30	0.73
	5	1.50	10.14	0.78
	mean	1.37	8.68	0.81
STN	1	1.32	9.44	0.80
	2	1.32	9.22	0.80
	3	1.34	7.63	0.80
	4	1.87	12.96	0.72
	5	1.58	11.36	0.76
	mean	1.49	10.12	0.78

本章参考文献

[1] 于保军，于文函，孙伦杰，等．"十三五"我国纯电动汽车战略规划分析［J］．汽车工业研究，2018，02：40-48.

[2] 高赐威，张亮．电动汽车充电对电网影响的综述［J］．电网技术，2011，3502：127-131.

[3] 杨方，张义斌，何博，等．电动汽车大规模充电对电网经济性的影响评价［J］．中国电力，2016，49（03）：178-182.

[4] 陈新琪，李鹏，胡文堂，等．电动汽车充电站对电网谐波的影响分析［J］．中国电力，2008（09）：31-36.

[5] 田立亭，张明霞，汪奂伶．电动汽车对电网影响的评估和解决方案［J］．中国电机工程学报，2012，3231：43-49，217.

[6] 马玲玲，杨军，付聪，等．电动汽车充放电对电网影响研究综述［J］．电力系统保护与控制，2013，4103：140-148.

[7] 黄小庆，陈颉，陈永新，等．大数据背景下的充电站负荷预测方法［J］．电力系统自动化，2016，4012：68-74.

[8] 罗卓伟，胡泽春，宋永华，等．电动汽车充电负荷计算方法［J］．电力系统自化，2011，3514：36-42.

[9] 潘樟惠，高赐威．基于需求侧放电竞价的电动汽车充放电调度研究［J］．电网技术．2016

[10] CHEN Hao, WAN Qiulan, WANG Yurong. Refined diebold-mariano test methods for the evaluation of wind power forecasting models［J］.Energies，2014，7：4185-4198.

[11] Bae S, Kwasinski A. Spatial and temporal model of electric vehicle charging demand. IEEE Trans Smart Grid 2012；3（1）：394 – 403. http：//dx. doi. org/10. 1109/TSG. 2011. 2159278.

[12] Hao L , Sharma I , Zhuang W , et al. Plug-in electric vehicle charging demand estimation based on queueing network analysis［C］// Pes General Meeting ｜ Conference & Exposition. IEEE，2014.

[13] WaveNet：A Generative Model for Raw Audio［J］. 2016.

[14] Borovykh A , Bohte S , Oosterlee C W . Conditional Time Series Forecasting with Convolutional Neural Networks［J］. arXiv，2017.

［15］Kechyn G，Yu L，Zang Y，et al. Sales forecasting using WaveNet within the framework of the Kaggle competition ［J］. 2018.

［16］Shi X，Chen Z，Wang H，et al. Convolutional LSTM Network：A Machine Learning Approach for Precipitation Nowcasting ［J］. MIT Press，2015.

第4章 风电功率概率密度的预测

4.1 风电功率预测概况

近年来，随着煤、石油等不可再生能源的逐渐枯竭，可再生能源的开发和利用成为全球学者关注的热门话题。全球风能理事会（Global wind Energy Council）在有关风电行业的年度报告[1]中指出，2019年全球新增风电装机容量60.4GW，相比于2018年增长近19%，全球风电总装机容量已超过6.51亿kW，较2018年增长10%。

我国风电产业在全球居于领先地位。随着风电在电网中比例的提高，风电的随机性、波动性等缺点逐渐突显，给电网带来了巨大挑战。消纳难度加大，弃风问题凸显，所以研究如何精确预测风电功率的意义重大。与此同时，精确预测风电功率可加快风电项目的开发，从而加快提高清洁能源的利用率，最终达到资源优化配置和保护生态环境的目的。

近二十年来，风电功率预测方法大量涌现，按照不同的划分标准介绍如下。

（1）按照预测的时间尺度分类，风电功率预测可分为超短期预测、短期预测和中长期预测[2]，具体情况见表4-1。

表4-1　　　　　　　　　　风电功率预测技术分类

类别	时间尺度	用途
超短期	4h以内	发电侧与输电网的实时调度
短期	12～72h	决策经济调度、优化机组组合
中期	几天到几星期	配置机组组合、制定检修计划
长期	几星期到几个月/几年	风电装机容量的规划、电力系统的规划

（2）按照预测模型的不同，风电功率预测方法可分为物理方法、统计方法。物理方法基于风电场的流体力学模型，利用风速、气压等数值天气预报（NWP）数据和地面粗糙度、海拔等地理信息，通过列写方程组来预测风力发电[3]。这种方法需要大量的计算，通常需要超级计算机的帮助。物理方法在中长期风电功率预测中有较好的表现，适用于缺乏历史观测资料的新建风场，同时，数值天气预报的精度和风电场模型的正确性限制了该方法的预测精度。统计学习方法是基于风电场历史功率数据、历史气象数据和其他影响风机发电的数据进行规律挖掘的预测方法，该方法需要大量合理的历史数据，对短期风电功率预测具有较好的效果，但对新建风电场具有预测局限。

（3）按照预测的结果形式分类，风电功率预测可分为点预测（确定性预测）和区间预测（不确定性预测）。目前大多数风电功率预测技术为确定性预测，其结果形式为风电系统输出功率的期望值。不确定性预测则将预测误差反映到预测结果中，其结果形式为风电系统输出功率的上下分位数、某一置信度下的置信区间或风电输出功率的概率密度函数。与确定性预测相比，概率预测能够量化预测结果的不确定性，为电网调控人员提供更加全面的决策信息，提高电网运行的安全性与可靠性。在包含风电的电网规划、运行和安全稳定分析领域中需要对风电的波动区间有一个较为精确的估计，仅仅得到单个点的预测值是不够的，需进行精确的区间预测。

针对风电功率预测问题，本章在现有预测方法和概率性区间预测的基础上，介绍了基于深度学习分位数回归的风电功率概率密度的预测方法。该模型采用 Adam 随机梯度下降法在不同分位数条件下对 LSTM 神经网络的输入、遗忘、记忆、输出参数进行估计，得出未来若干小时内各个时刻风电功率的概率密度函数，可以得到比点预测和区间预测更多的有用信息，从而实现对未来负荷完整概率分布的预测。

4.2　风电功率发电特征分析

风力发电的直接能量来源是风能，风能的随机波动性决定了风电功率的随机波动。风速变化难以人工控制，风速的一个微小变化可能将会引起风电功率的较大变化。风电自身出力特性主要包含波动性、随机性和间歇性。波动性指风电功率曲线随时间的变化而上下波动变化的特性，其原因在于风速的随机变化直接影响风电功率的波动情况，其中风速的波动幅度和波动频率是两个主要的影响因素。波动幅度与机组的爬坡能力关系密切，波动幅度越大则爬坡能力越强；波动频率与系统调频方式有关，频率越高则自动发电控制（Automatic Generation Control，AGC）调节的容量就越大。随机性指风速的变化存在多种可能性，因而风电功率也相应地表现出随机性。但是在风能转换为电能过程中，由于机械惯性会使风速随机性削弱，所产生的风电功率的随机性要小于风速的随机性，随机性是风电出力的普遍属性。间歇性指随时间的变化，风电功率时断时续地变化，间歇性主要影响日前机组组合[4]。图 4 - 1 为美国 PJM 网上 MIDATL 地区 2014 年 8 月 1 日～2015 年 9 月 1 日的风力发电功率数据。由此可直观看出风电功率的波动性和随机性十分明显。

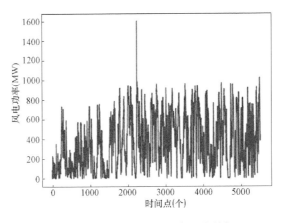

图 4 - 1   美国风力发电功率历史数据

4.3   模型构建

4.3.1   LSTM 回归

目前深度学习在机器学习中的应用非常广。1997 年霍克雷特和施米德胡贝尔提出了一种长短期记忆网络（Long Short - Term Memory，LSTM），能够很好地解决序列的长期依赖问题[5]，其主要结构如图 4 - 2 所示。LSTM 可以由时间展开表示成这种链状结构，LSTM 的重复模块中有 4 个神经网络层。

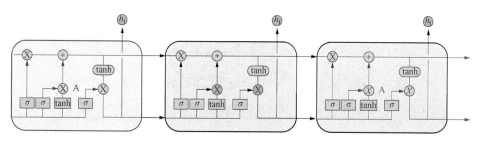

图 4 - 2 LSTM 结构

图 4 - 2 称作一个元胞（cell），LSTM 有 4 个门，第一层神经元为遗忘门（forget gate）的 Sigmoid 控制层，即

$$f_t = \sigma(W_f \cdot [h_{t-1}, x_t] + b_f) \tag{4-1}$$

第二、三层分别为输入门（input gate）和 tanh 层，分别见式（4-2）、式（4-3）。输入门的 Sigmoid 层决定要更新哪些信息；tanh 层创造了一个新的候选值 $\widetilde{C}_t$，该值可能被加入元胞状态中，即

$$i_t = \sigma(W_i[h_{t-1}, x_t] + b_i) \tag{4-2}$$

$$\widetilde{C}_t = \tanh(W_C[h_{t-1}, x_t] + b_C) \tag{4-3}$$

再将元胞的旧状态 C_{t-1} 更新为 C_t，即

$$C_t = f_t * C_{t-1} + i_t * \widetilde{C}_t \tag{4-4}$$

式中：$*$ 代表点乘。

最后，通过一个式（4-5）所示包含 Sigmoid 层的输出门（output gate）将式（4-4）通过一个 tanh 层之后（使得输出值在 $-1 \sim 1$ 之间），再与输出门相乘，这样就将遗忘和记忆参数带至最后的输出，即

$$O_t = \sigma(W_o[h_{t-1}, x_t] + b_o) \tag{4-5}$$

$$h_t = O_t \tanh(C_t) \tag{4-6}$$

式（4-1）～式（4-5）中：W_f、b_f 表示遗忘门权重和偏置；W_i、b_i 表示输入门的权重和偏置；W_C、b_C 表示更新值的权重和偏置；W_o、b_o 表示输出门的权重和偏置；$\sigma(\cdot)$ 代表 sigmoid 激活函数，$\tanh(\cdot)$ 代表双曲正切激活函数；$[h_{t-1}, x_t]$ 代表行数相等的矩阵或向量进行列合并。

4.3.2 线性分位数回归模型

考虑样本 $\boldsymbol{Y}_1$，$\boldsymbol{Y}_2$，$\cdots$，$\boldsymbol{Y}_n$ 和 $\boldsymbol{X}_1$，$\boldsymbol{X}_2$，$\cdots$，$\boldsymbol{X}_n$，求线性回归的模型参数可

以通过求解式（4-7）所示的目标函数得

$$\min \sum_{i=1}^{n} (\boldsymbol{Y}_i - \boldsymbol{X}_i \boldsymbol{\beta}) \tag{4-7}$$

式中：$\boldsymbol{Y}$ 为响应变量；$\boldsymbol{X}_i$ 为相应的解释变量：$\boldsymbol{\beta}$ 是回归系数。

式（4-7）中 $\boldsymbol{\beta}$ 的估计可以考虑转化求解为式（4-8）优化问题，表示在分位数条件下的解释变量，即

$$\min_{\boldsymbol{\beta}} \sum_{i=1}^{n} \rho_\tau (\boldsymbol{Y}_i - \boldsymbol{X}_i' \boldsymbol{\beta}) = \min_{\boldsymbol{\beta}} \sum_{i|\boldsymbol{Y}_i \geqslant \boldsymbol{X}_i' \boldsymbol{\beta}} \tau \mid \boldsymbol{Y}_i - \boldsymbol{X}_i' \boldsymbol{\beta} \mid + \sum_{i|\boldsymbol{Y}_i < \boldsymbol{X}_i' \boldsymbol{\beta}} (1-\tau) \mid \boldsymbol{Y}_i - \boldsymbol{X}_i' \boldsymbol{\beta} \mid$$

$$\tag{4-8}$$

式中：$i \mid \boldsymbol{Y}_i \geqslant \boldsymbol{X}_i' \boldsymbol{\beta}$ 表示第 i 个响应变量实际值大于等于线性回归估计值；分位数 $\tau \in (0, 1)$；$\rho_\tau(u) = u[\tau - I(u)]$ 为优化函数；$\boldsymbol{\beta}$ 为回归系数，$\boldsymbol{X}_i'$ 为在分位数条件下的解释变量，$\boldsymbol{Y}_i$ 为被解释变量。其中

$$I(u) = \begin{cases} 1 & u < 0 \\ 0 & u \geqslant 0 \end{cases} \tag{4-9}$$

由式（4-8）可知，在不同的分位数 τ 下可以得到不同的参数估计 $\boldsymbol{\beta}(\tau)$，从而能够测算出在不同分位数 τ 处解释变量对响应变量的条件分位数的影响。τ 在（0, 1）连续取值时，就可以得到响应变量的条件分布，然后得到条件密度，最终得出条件密度预测。

4.3.3　LSTM 分位数回归模型

在式（4-7）所反映的线性回归模型中，限定了解释变量和响应变量之间只能是线性关系。但是在现实中变量之间更多的是非线性关系。泰勒提出了神经网络分位数（Quantile Regression Neural Network，QRNN）回归模型，即

$$Q_Y(\tau \mid \boldsymbol{X}) = f[\boldsymbol{X}, \boldsymbol{W}(\tau), \boldsymbol{V}(\tau)] \tag{4-10}$$

式中：$\boldsymbol{W}(\tau) = [w_{ij}(\tau)]_{i=1,2,\cdots,I; j=1,2,\cdots,J}$ 为输入层与隐含层之间的连接权重；$\boldsymbol{V}(\tau) = [v_{ij}(\tau)]_{j=1,2,\cdots,J; k=1,2,\cdots,K}$ 为隐含层与输出层之间的连接权重；其中 I 是输入层节点数目；J 是隐含层节点数目；K 是输出层节点数目。

分位数神经网络回归可以参考式（4-8），将式（4-8）的回归转化为求式（4-11）的优化问题，即

$$\min_{\boldsymbol{W},\boldsymbol{V}}\Big\{\sum_{i=1}^{N}\rho_\tau[\boldsymbol{Y}_i-f(\boldsymbol{X}_i,\boldsymbol{W},\boldsymbol{V})]+\lambda_1\sum_{i,j}w_{ij}^2+\lambda_2\sum_i v_i^2\Big\}=$$

$$\min_{\boldsymbol{W},\boldsymbol{V}}\Big[\sum_{i|\boldsymbol{Y}_i\geqslant f(\boldsymbol{X}_i,\boldsymbol{W},\boldsymbol{V})}\tau\mid\boldsymbol{Y}_i-f(\boldsymbol{X}_i,\boldsymbol{W},\boldsymbol{V})\mid+$$

$$\sum_{i|\boldsymbol{Y}_i<f(\boldsymbol{X}_i,\boldsymbol{W},\boldsymbol{V})}(1-\tau)\mid\boldsymbol{Y}_i-f(\boldsymbol{X}_i,\boldsymbol{W},\boldsymbol{V})\mid\Big]+\lambda_1\sum_{i,j}w_{ij}^2+\lambda_2\sum_i v_i^2 \quad (4\text{-}11)$$

式中：λ_1、λ_2 为惩罚参数，N 是样本 Y_i 的数量。

λ_1、λ_2 可以防止模型在训练过程中出现过拟合现象，使用 Adam 随机梯度下降法对式（4-11）进行求解，估计出参数矩阵 $\boldsymbol{W}(\tau)$，$\boldsymbol{V}(\tau)$。代价函数 f_{cost} 为

$$f_{\text{cost}}=\sum_{i=1}^{N}\rho_\tau[\boldsymbol{Y}_i-f(\boldsymbol{X}_i,\boldsymbol{W},\boldsymbol{b})]=\sum_{i|\boldsymbol{Y}_i\geqslant f(\boldsymbol{X}_i,\boldsymbol{W},\boldsymbol{b})}\tau\mid\boldsymbol{Y}_i-f(\boldsymbol{X}_i,\boldsymbol{W},\boldsymbol{b})\mid+$$

$$\sum_{i|\boldsymbol{Y}_i<f(\boldsymbol{X}_i,\boldsymbol{W},\boldsymbol{b})}(1-\tau)\mid\boldsymbol{Y}_i-f(\boldsymbol{X}_i,\boldsymbol{W},\boldsymbol{b}) \quad (4\text{-}12)$$

式中：$W=\{W_{\mathrm{f}}, W_{\mathrm{i}}, W_{\mathrm{C}}, W_{\mathrm{o}}\}$ 为 LSTM 的权重参数；$b=\{b_{\mathrm{f}}, b_{\mathrm{i}}, b_{\mathrm{C}}, b_{\mathrm{o}}\}$ 为网络结构的偏置项权重。

根据 LSTM 回归模型的结构和式（4-12）的神经网络分位数回归方法，可以建立一种 LSTM 分位数回归模型，并将其对网络结构参数估计的算法（Back Propagation Trough Time，BPTT）过程的代价函数转化为如式（4-13）所示的分位数回归的目标函数。最终可以将参数估计看作式（4-13）所示的优化问题，并用 Adma 随机梯度下降法求解该优化问题。

$$\min_{\boldsymbol{W},\boldsymbol{b}} f_{\text{cost}}+\frac{\lambda}{2}\mid(\hat{\boldsymbol{W}},\hat{\boldsymbol{b}})\mid^2 \quad (4\text{-}13)$$

$$\hat{Q}_Y(\tau\mid\boldsymbol{X})=f[\boldsymbol{X},\hat{\boldsymbol{W}}(\tau),\hat{\boldsymbol{b}}(\tau)] \quad (4\text{-}14)$$

其中，$\hat{\boldsymbol{W}}(\tau)$、$\hat{\boldsymbol{b}}(\tau)$ 是带分位数条件的 $\boldsymbol{W}$、$\boldsymbol{b}$，求解出的参数 $\hat{\boldsymbol{W}}(\tau)$、$\hat{\boldsymbol{b}}(\tau)$ 后，代入式（4-14）中可以得到 Y 的条件分位数估计 $\hat{Q}_Y(\tau\mid\boldsymbol{X})$。

4.3.4 核密度估计

核密度估计（Kernel Density Estimation，KDE）是一种用于概率密度函数的非参数估计方法。设 z_1，z_2，$\cdots$，z_n 为独立同分布的 n 个样本点，则其核密度估计为

$$\hat{f}_h(z) = \frac{1}{n} \sum_{i=1}^{n} K_h(x - x_i) = \frac{1}{nh} \sum_{i=1}^{n} K\left(\frac{x - x_i}{h}\right) \qquad (4-15)$$

其中，$K(\cdot)$ 为核函数，需要满足非负、积分为 1 的性质。核函数有很多种，如均匀核函数（Uniform）、三角核函数（Triangular）、二权核函数（Bi-weight）、三权核函数（Triweight）、伊潘涅切科夫核函数（Epanechnikov），如图 4-3 所示。h（>0）为窗宽，合适的窗宽能更好地拟合变量的概率密度分布。

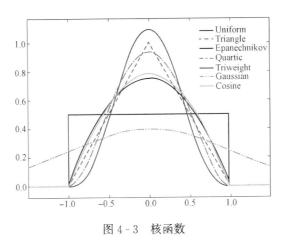

图 4-3　核函数

当 τ 在（0，1）上连续取值时，条件分位数曲线 $\hat{Q}_r(\tau \mid \boldsymbol{X})$ 就被称为条件分布（累计），从分布函数 $F[F^{-1}(\tau)] = \tau$ 出发推导出条件密度预测，即

$$P[\hat{Q}_Y(\tau \mid \boldsymbol{X})] = \frac{\mathrm{d}\tau}{\mathrm{d}\hat{Q}_Y(\tau \mid \boldsymbol{X})} \qquad (4-16)$$

式中：P 为条件密度；$\hat{Q}$ 为条件分位数估计。

接下来对式（4-16）执行条件化 $\boldsymbol{X}$、τ 离散化操作，最后采用密度估计就可以得到 $\boldsymbol{Y}$ 的条件密度预测 $P[\hat{Q}_Y(\tau \mid \boldsymbol{X})]$。

LSTM 回归对非线性的时间序列具有很好的拟合能力，本章主要研究对象风电功率就是关于时间的非线性预测。概率密度估计主要是为了得到概率密度曲线，使得电网工作人员能更好地了解未来风电功率波动范围，获得更多的有用信息。利用分位数回归可以将二者有机结合起来，在不同分位数下进行 LSTM 回归可以得到多个点预测的结果，进而继续采用高斯核进行概率密度估计，得到概率密度函数，具体程序流程图如图 4-4 所示。

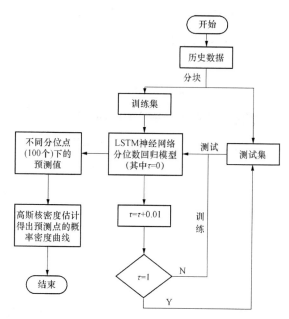

图 4 - 4　基于长短期记忆分位数回归模型的概率预测程序流程图

4.3.5　模型评价

风电功率点预测模型常用的评价指标有平均绝对误差（MAE）、均方误差（MSE）、均方根误差（RMSE）。从风电功率特性出发，给出了一种比较两个风电功率点预测模型的检验方法——DM（Diebold - Mariano）检验。该检验方法在假设两个模型误差相等，并服从正态分布的基础上做假设检验，当 DM 检验绝对值大于某个阈值时证明两个模型的预测结果有显著差异[6]。

但是上述评价指标并不能来评价概率预测的结果。考虑风电功率的随机性强、波动范围大的情况，提出一种非参数模型的风电概率区间预测方法，并给出参考风电功率特性的概率区间评估指标。

（1）可靠性指标。在置信度 $1-\alpha$ 下，共有 N_{interval} 个预测区间，可靠性评价指标为

$$R_{\text{cover}} = \frac{1}{N_{\text{interval}}} \sum_{i=1}^{N} \xi_i^{\alpha} \qquad (4 - 17)$$

其中

$$\xi_i^{\alpha} = \begin{cases} 0, & P^i \notin I_i^{\alpha} \quad i=1, 2, \cdots, N, \\ 1, & P^i \in I_i^{\alpha} \quad I_i^{\alpha} = [L_i^{\alpha}, U_i^{\alpha}] \end{cases}$$

式中：L_i^a 为在上述置信度下第 i 个预测区间的下界；U_i^a 为对应的上界；I_i^a 为对应区间；P^i 为对应实际点的值；R_{cover} 为可靠性指标；ξ_i^a 表示第 i 个真实是否落在预测区间内，即风电功率预测区间对真实值的覆盖率。

风电功率实际落在预测区间内的概率应该等于或接近事先给定的置信度，可靠性指标越接近置信区间值则代表该预测模型越可靠。

（2）敏锐性指标。可靠性指标不能全面体现概率预测结果的好坏，因为区间越大可靠性通常会越高，相应的区间宽度过大会导致能提供的有用信息较少，所以还需要敏锐性指标来共同判断区间预测结果的好坏（区间平均宽度），即

$$\delta_{mean}^a = \frac{1}{N} \sum_{i=1}^{N} \delta_i^a \qquad (4-18)$$

$$\delta_i^a = U_i^a - L_i^a$$

式中：δ_i^a 为第 i 预测区间的宽度；δ_{mean}^a 为敏锐性指标。预测风电功率的敏锐性指标越小代表得到的风电功率区间越小，从而可以得到更多未来时间段的有效风电功率信息。

单一的敏锐性指标和可靠性指标都不能全面反映风电功率概率预测模型的好坏，只有综合敏锐性指标与可靠性指标才可以充分反映概率区间预测结果的优劣。

4.4　基于 Python 的算例仿真

以图 4-1 所示数据为例，以某日 04:00:00 至次日 13:00:00 时间段内的 3716 个时间点为训练样本，提前 2h 预测之后 200 个时间点的风电功率。本模型的实验计算机条件是 CPU 酷睿 i7-7700、内存 8GB、GPU1050Ti 4GB。通过 Keras 深度学习框架将每个分位数下的 LSTM 迭代 100 个轮次（epochs），LSTM 结构为 64 个门结构。训练之前按式（4-19）将数据进行归一化，这样可以提高模型的准确率。归一化表达式为

$$\boldsymbol{X}_t = (\boldsymbol{X}_t - \boldsymbol{X}_{min})/(\boldsymbol{X}_{max} - \boldsymbol{X}_{min}) \qquad (4-19)$$

式中：$\boldsymbol{X}_t$ 为第 t 时刻的样本向量；$\boldsymbol{X}_{min}$、$\boldsymbol{X}_{max}$ 分别为所有样本的最小值和最大值。

根据上述内容，用长短期记忆神经网络（Quantile Regression Long Short

Term Memory Neural Networks，QRLSTM）回归预测模型得到了从次日16：00:00 到次日 21:00:00 总共 200 个时间点的预测结果，每个时间点间隔为 1h。为了体现 QRLSTM 回归预测模型的预测准确度，对比所用的 QRNN 回归预测模型所得的预测结果和预测区间，QRNN 选取隐含层节点数为 64，惩罚参数为 1。

该模型实现程序代码如下：

```
# LSTM for international airline passengers problem with regression framing
import numpy as np
import matplotlib. pyplot as plt
from numpy import *
from pandas import read_csv
import pandas as pd
import math
from keras. models import Sequential
from keras. layers import Dense,BatchNormalization
from keras. layers import LSTM
#from sklearn import preprocessing
from sklearn. preprocessing import MinMaxScaler
from sklearn. metrics import mean_squared_error
from keras import backend as K


#1/3/2017 5:00:00 PM


x1 = []
trainY1 = np. array(x1)
testY1 = np. array(x1)
print(trainY1,testY1)
#每个分位数运行一次
for i inrange(101):
    # convert an array of values into a dataset matrix
    def create_dataset(dataset, look_back = 1):
```

```
dataX, dataY = [], []
for i in range(len(dataset) - look_back - 1):
    a = dataset[i:(i + look_back), 0]
        dataX.append(a)
        dataY.append(dataset[i + look_back, 0])
return np.array(dataX), np.array(dataY)


#定义随机种子
np.random.seed(7)


# load the dataset
#dataframe = pd.read_table('price.txt')['system_energy_price_rt'][1000:
2000]
dataframe = pd.read_csv('windpowers.csv', usecols = [1], engine = 'python',
skipfooter = 3)
            dataset = dataframe.values
dataset = np.array(dataset.astype('float32')).reshape(-1,1)


#数据标准化
scaler = MinMaxScaler(feature_range = (0, 1))
dataset = scaler.fit_transform(dataset)
#设置训练集和测试集
train_size = int(len(dataset) * 0.8)
test_size = len(dataset) - train_size
train, test = dataset[0:train_size, :], dataset[train_size:len(dataset), :]
# reshape into X = t and Y = t + 1
look_back = 1
trainX, trainY = create_dataset(train, look_back)
testX, testY = create_dataset(test, look_back)
# reshape input to be [samples, time steps, features]
trainX = np.reshape(trainX, (trainX.shape[0], trainX.shape[1],1))
```

```
testX = np. reshape(testX, (testX. shape[0],testX. shape[1],1))
＃定义分位数损失函数
def my_loss(y_true,y_pred):
      tao = i/100
      return
K. mean(tao * K. square(K. maximum(y_true,y_pred) − y_pred) + (1 − tao) * K. square
(K. maximum(y_true,y_pred) − y_true),axis = − 1)
＃定义和训练 LSTM network
model = Sequential()
model. add(LSTM(128, input_shape = (look_back, 1), return_sequences = True))
model. add(BatchNormalization())
model. add(LSTM(64,))
model. add(BatchNormalization())
model. add(Dense(32, activation = 'selu'))
model. add(BatchNormalization())
model. add(Dense(1, activation = 'selu'))
model. compile(loss = my_loss, optimizer = 'adam')
model. fit(trainX, trainY, epochs = 100, batch_size = 64, verbose = 2)
＃ make predictions
trainPredict = model. predict(trainX)
testPredict = model. predict(testX)
testY = scaler. inverse_transform(testPredict)
trainX = np. reshape(trainX,(trainX. shape[0] * look_back,trainX. shape[2]))
testX = np. reshape(testX, (testX. shape[0] * look_back, testX. shape[2]))
trainPredict = np. array(trainPredict)
testY = np. array(testPredict)
trainPredict = np. column_stack((trainX,trainPredict))
testPredict = np. column_stack((testX,testPredict))
alldata = np. row_stack((trainPredict,testPredict))
＃ invert predictions
trainPredict = scaler. inverse_transform(alldata)
＃trainY = numpy. array(alldata[:,0:9]). reshape(2000,9)
```

```
allY = np. array(trainPredict[:,1]). reshape( - 1,1)

if i == 0:

        #rainY1 = trainY. reshape(821,1)

        allY1 = allY

else:

        #trainY1 = append(trainY1,trainY, axis = 1)

        allY1 = append(allY1,allY, axis = 1)

traindata = pd. DataFrame(trainY1)

testdata = pd. DataFrame(allY1)

testdata = pd. concat(traindata, testdata)

#traindata. to_excel('预测集 . xlsx')

testdata. to_excel('测试集 . xlsx')
```

仿真结果为：QRLSTM 的可靠性指标为 84.16%，敏锐性指标为
124.54MW，QRNN 对应的指标分别为 79.12% 和 191.99MW，指标数据与图
4-5 对应的 QRLSTM 与 QRNN 预测结果一致。QRLSTM 可靠性指标比
QRNN 高 5.04%。虽然理论上可靠性应该与置信度相等，且上述 2 个模型的
可靠性都没有达到置信度 90%，但是比较接近置信度的结果也是可以接受的预
测效果。QRNN 比 QRLSTM 的敏锐性指标高出 54.16%，如此大的差距充分
体现了 QRLSTM 的优势，不仅预测的可靠性高于 QRNN，而且能够在预测结
果中提供更多的有效信息。

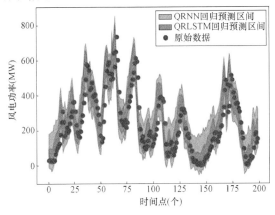

图 4-5 QRLSTM 与 QRNN 风电功率预测结果与预测区间对比

通过两个模型指标数据和图 4-5 的对比明显看出真实值很大概率落在 QRLSTM 回归的预测区间内。对比 QRNN 回归模型而言，真实值落在 QRNN 预测区间内的概率明显要小很多，且预测的区间宽度比 QRNN 的预测区间小很多，这充分说明了本节提出的 QRLSTM 回归模型可以很好地预测风电功率的波动性，并且可以预测较长时间的风电功率波动性。

采用 QRLSTM 回归方法可以得到预测点的概率密度分布，抽取其中第 104 个点如图 4-6 所示。从预测出的概率密度函数可以看出，QRLSTM 可以预测出风力发电功率的完整概率密度分布，且真实值都落在该密度函数内。以上示例说明该方法能够给出未来预测时间点概率密度分布。

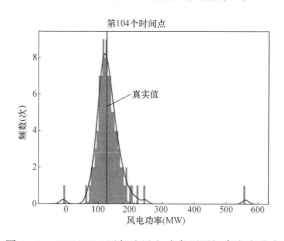

图 4-6　QRLSTM 回归法风电功率预测概率密度分布

表 4-2 展示了 QRLSTM 预测模型与 QRNN 预测模型前 24 个预测时间点的预测区间和预测区间范围的差值。从数据中也可以看出，QRLSTM 预测模型预测出的概率区间比 QRNN 预测出的概率区间范围小很多。

表 4-2　　　　　　　　　QRLSTM 模型与 QRNN 模型预测区间比较

QRLSTM 预测区间	QRNN 预测区间	差值	QRLSTM 预测区间	QRNN 预测区间	差值
[113.3, 227.5]	[92.0, 276.8]	71	[47.7, 143.2]	[31.3, 206.6]	80
[131.6, 250.3]	[109.0, 296.2]	68	[31.8, 122.2]	[16.6, 189.4]	82
[160.2, 258.2]	[135.5, 326.3]	65	[48.9, 144.8]	[32.5, 207.9]	80
[160.2, 323.0]	[164.5, 358.9]	63	[87.6, 194.9]	[68.2, 249.4]	74
[276.4, 422.1]	[244.1, 477.0]	57	[96.6, 206.3]	[76.5, 258.9]	73

QRLSTM 预测区间	QRNN 预测区间	差值	QRLSTM 预测区间	QRNN 预测区间	差值
[316.5, 467.0]	[281.8, 488.0]	56	[63.5, 163.9]	[45.9, 223.6]	77
[322.0, 473.0]	[286.9, 493.6]	56	[34.8, 126.2]	[19.5, 192.7]	82
[317.2, 467.7]	[282.4, 488.7]	56	[52.6, 149.6]	[35.9, 211.9]	79
[315.9, 466.3]	[281.2, 487.4]	56	[72.0, 174.8]	[53.8, 232.7]	76
[300.2, 448.9]	[266.5, 471.4]	56	[94.5, 203.6]	[74.5, 256.7]	73
[187.6, 318.6]	[161.0, 355.0]	63	[131.9, 250.6]	[109.2, 294.6]	68
[88.6, 191.6]	[69.1, 250.5]	74	[142.7, 264.0]	[119.2, 307.8]	67

图 4 - 7 对比了神经网络分位数回归和支持向量机两种点预测的结果和 LSTM 分位数回归的区间预测结果，可以看出相比于点预测，该区间预测的置信度更高，在实际使用预测结果时可以更好地规避误差带来的风险。QRLSTM、QRNN、SVM 这 3 种点预测模型平均绝对误差分别为 34.8、52.8、60.09，可以看出 QRLSTM 中位数预测的准确率比 QRNN 和 SVM 都要高。

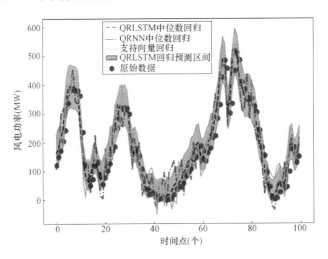

图 4 - 7 QRLSTM 区间预测与点预测结果对比

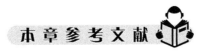

本章参考文献

[1] GWEC. Global Wind Report 2019. [Online] http://gwec.net/global - wind - report - 2019/
[2] 薛禹胜，郁琛，赵俊华，等．关于短期及超短期风电功率预测的评述 [J]．电力系统

化，2015，39（06）：141-151.

[3] Jung J，Broadwater R P . Current status and future advances for wind speed and power forecasting［J］. Renewable & Sustainable Energy Reviews，2014，31（MAR.）：762-777.

[4] 郝双 . 基于 B-ELM 模型的风电场短期功率区间预测方法研究［D］. 沈阳工业大学，2019.

[5] LI X，WU X. Constructing long short-term memory based deep recurrent neural networks for large vocabulary speech recognition［C］//IEEE International Conference on Acoustic，Speech and Signal Processing. Brisbane，QLD，Australia：IEEE，2015：4520-4524.

[6] CHEN Hao，WAN Qiulan，WANG Yurong. Refined diebold-mariano test methods for the evaluation of wind power forecasting models［J］. Energies，2014，7：4185-4198.

第 5 章　光 伏 发 电 预 测

5.1　光伏发电预测概况

光伏发电预测技术一般是根据光伏发电厂提供的历史发电数据或者气象部门提供未来一段时间内的天气数据（天气类型、光照强度、风速风向、温度、光照时长等）[2]，并建立相关的光伏发电预测模型和选用合适的算法[3]，来预测未来某段时间内的光伏发电信息。

光伏预测从时间尺度上可划为超短期预测、短期预测和长期预测等。超短期光伏预测的时间尺度为几十分钟到 2h 以内；短期预测是预测未来几个小时到十几个小时内的出力信息；长期预测的时间尺度为未来十几个小时到 1～3 天，长期预测一般是根据当地的气象预报提供的天气信息，然后选择合适的算法建立预测模型，最终得到某光伏发电站的未来出力数据。一般来说预测的时间尺度越短，其预测效果越好，但是时间短会给电网调度和运行人员的工作带来压力。随着各种技术的突破和优秀算法的应用，光伏发电长期预测会是未来这一领域的研究方向。

国内外学者针对光伏预测已经做了较多的研究。光伏预测从方法上可分为间接法和直接法[4,5]，其中，直接预测法是根据光伏发电的历史数据和气象预测数据直接预测发电功率或发电量，直接法虽然预测过程简单但是考虑因素比较单一，预测的发电功率也不够精确；间接预测法则是先根据相关数据预测出太阳辐照度，再通过某种算法来预测光伏发电功率或者光伏发电量，间接法的预测精度比直接法高很多，使用也越来越广泛。文献［6］改进了传统的 BP 神经网络，例如增加动量项和可变学习率（learning rate）提高了模型的收敛速度，并结合相似日选择算法，使预测效果变好；文献［7］根据日均发电功率的情况，利用欧氏距离法将天气类型分为 7 大类（晴、多云、阴、雨雪等）每种天气类型对应一个相关系数，结合天气类型指数和历史发电数据建立 BP 神经网络预测模型，提高了预测的准确度；文献［8］把辐射时间、天气温度、光照强度作为影响光伏发电的外界因素，因为相似日的光伏出力具有很强的联系，提出了一种结合相似日和径向基函数（radial basis function，RBF）神经网络的光伏预测模型，实验结果表明该预测效果要优于其他方法；另外有的研究者选择和目标日情况类似的历史日当作相似日，加入遗传算法来优化模型，提出一种 GA‐模糊 RBF 的光伏预测模型，并将预测结果和平滑系数对光伏并网进行控制来提高光伏发电的利用率；文献［9］利用全天成像仪对某地区的云团信息进行采集（大小、移动等），结合图像处理技术对采集的信息进行分析，并利用跟踪学习和云团提取算法来分析 t 小时后云团对太阳的遮挡，从而建立光照强度和发电出力的关系。

　　本章在经典光伏发电预测方法的基础上，结合现在的大数据分析和人工智能算法研究有效的预测模型，利用 python 进行模型训练和测试应用，提高模型的预测精度，缩短模型训练花费的时间，对后续的光伏并网和弃光问题的研究具有一定的理论价值。

5.2　光伏发电预测方法与过程

5.2.1　数据获取

　　本章实验数据来源于某光伏发电预测大赛，数据集中包括训练集和测试集，由于提供的测试集不含功率数据，所以本章的实验数据采用大赛的训练集数据。仿真时再将其分为训练集和测试集，详细数据见配套电子资源。包括功率、辐照度、温度、湿度、风速风向、压强等数据，数据的采集频率是 15min/次。光伏发电受光照强度影响很大，同时在不同季节内光照时长也不相同，一般光伏发电主要集中在白天，夜间的光伏发电基本为零。

5.2.2　数据清洗

　　在实际数据采集过程中，会由于某些意外情况导致采集到的数据明显偏离正常范围（即异常值）或者在采集过程中漏掉了某个时间段内的数据（即缺失值）。若无视这些异常数据或缺失数据，直接将其放入模型中进行训练，势必会影响整个光伏预测结果的好坏，导致在测试集上无法达到预期的效果。因此需对缺失值和异常值加以处理。

1. 缺失值的处理

当总数据中的数据丢失率小于 1％时，影响可忽略不计；丢失率在 1％～5％之间对应于不同的预测精度需求可灵活管理的样本数据；数据丢失率大于总数据的 5％需要采用适当的解决方案；数据丢失率大于 15％时会对预测模型产生重大不利影响。2019 年之后的光伏发电预测研究相对于晴天来说，雨天类型的预测表现不佳，这意味着许多降水数据缺失的存在会大大降低预测的准确度。因此，对处理缺失数据方法的研究很重要。以下将介绍两种缺失值插补法，一种是最常用的均值插补法，另一种是基于机器学习的 KNN 插补法（又称 K 近邻法）。

（1）均值插补法。均值插补是一种将最常观察的数据替换作丢失数据的方法，它是最简单的丢失数据输入方法之一。可以选择最频繁的数值的均值、最小值或最大值等进行插补来填充丢失的数据。该方法简单易行。但是，当数据集中的数据之间存在复杂的关系时，此方法不适用。

（2）KNN 插补法。KNN 插补法已广泛用于分类、回归和插补。该方法考虑了不完整数据集的 k 个最相似的数据。换句话说，这些最接近的邻居帮助将缺失的数据替换为估计值。先利用 KNN 计算邻近的 k 个数据，然后填入它们的均值。涉及的参数包括：k，计算的邻近的数据个数；weights，样本的权重，distance，样本间的距离（默认为欧式距离），样本间距离越近越"重要"。

KNN 插补法程序代码：

```
1 from fancyimpute import KNN
2  train_data_x = pd.DataFrame(KNN(k = 6).fit_transform(train_data_x),columns = features)
```

2. 异常值的判定与替换

在统计学中对异常值的判断最常用的方法——数字异常值方法，是特征空间中最常用的非参数异常值的检测方法。异常值 X_i 由式（5-1）计算得到：

$$x_i > Q_3 + k(\text{IQR}) \ \bigvee \ x_i < Q_1 - k(\text{IQR})$$

$$\text{IQR} = Q_3 - Q_1, k \geqslant 0 \qquad\qquad (5-1)$$

式中：Q_1 为每一维数据的第一四分位数；Q_3 为第三四分位数；k 为比例系数，根据情况给定；IQR（inter quartile range）为四分位差。

在数据挖掘中，常见的异常值处理方法有人工填写、平均值填充、热卡填充等。但是光伏发电有自身的数据特性，采用上述方法存在以下缺点：

（1）有些数据处理方法只适用于数据规模较小且异常值不多时，而本章的总数据有上万条，因此有些处理方法不能适用于本章的异常数据处理；

（2）由于光伏数据所表征的自身某些特性受外界环境因素影响较大，热卡填充等方法易使回归方程的误差增大，模型参数无法稳定进行估计，在处理本章数据时速度较慢且操作不方便。

基于以上分析对异常数据处理统一采用中位数（median）进行填充，因为中位数是通过对数据大小进行排序得到的，不受最大和最小等极端数据的影响，且在一定程度上综合了平均数和中位数的优点，具有良好的代表性。

数据处理代码如下：

```
1   def data_preprocessing(path, train_list_i, test_list_i):
2   train_old = pd. read_csv(path + train_list_i,engine = 'python', encoding = 'UTF - 8')
3   test_old = pd. read_csv(path + test_list_i,engine = 'python',encoding = 'UTF - 8')
4   train_old['year'] = train_old['时间']. apply(lambda x: x[0 : 4]). astype('int32')
5   train_old['month'] = train_old['时间']. apply(lambda x: get_month(x, train_list_i)). astype('int32')
6   train_old['day'] = train_old['时间']. apply(lambda x: get_day(x, train_list_i)). astype('int32')
    ################ data preprocessing ################
    # datamissing and fault 1
7   if(train_list_i = = 'train_1. csv'):
8   train_old = train_old. drop([0])
9   train_old = train_old. reset_index(drop = True)
10  train_old = train_old[~(train_old['year']. isin([2018]) & train_old['month'].
```

117

isin([4])& train_old['day'].isin([1]))]

```
11   train_old = train_old.reset_index(drop = True)
12   train_old = data_missing_process1(train_old)
```

实验数据及更详尽的代码见配套电子版。

5.2.3 光伏发电与天气因素的关系

在机器学习领域，特征是决定模型预测效果的最重要因素，所以需要对采集到的光伏电站的气象数据做进一步分析，构造出更多对模型有利的新特征。将实验数据传入到训练模型之前，需要对所有数据进行归一化处理，主要作用有两个。

1. 光伏出力与天气因素的关系分析

传入模型的参数包括温度、光照强度、风速和光伏功率等，由于它们之间的量纲不同，所以进行归一化操作可以解决数据之间的可比性。

对于采集到的光伏数据一般很难直接发现光伏发电与各特征之间的关系，因此先可以利用皮尔森相关系数 r 来分析各变量与光伏发电之间的关系，如式（5-2）所示。r 为"＋"时表示两者存在正相关特性，为"－"时表示两者之间负相关，数值越大表示两者之间的相关性越强。

$$r = \frac{\sum_{i=1}^{n}(X_i - \overline{X})(Y_i - \overline{Y})}{\sqrt{\sum_{i=1}^{n}(X_i - \overline{X})^2}\sqrt{\sum_{i=1}^{n}(Y_i - \overline{Y})^2}} \tag{5-2}$$

式中：n 表示数据总量；$\overline{X}$、$\overline{Y}$ 分别表示相关特征与光伏功率的平均值；X_i、Y_i 表示第 i 个相关数据。

由光伏发电原理可知，太阳实际辐照度与实际功率呈现正相关关系，光伏发电功率的实际大小很大程度上由实际辐照度决定。由图 5-1 可以看出，实发辐照度与实际功率呈完全正相关，尤其在第 50 个和第 150 个时间点前后，两条曲线完全重合，实际辐照度和实际功率大致成 100 倍的关系（本章中图片横坐标时间点的数据采样频率为 15min。）

图 5-2 展示了光伏实际功率与温度的关系。可以看出两者之间并不是简单的正比例关系，当温度出现峰值时，光伏实际功率会骤降至零，并在温度下降过程中，一直保持为零。

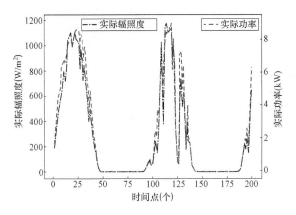

图 5-1　光伏实际功率与实际辐照度关系

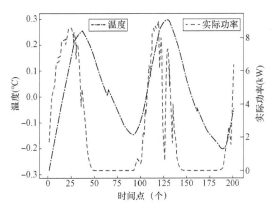

图 5-2　光伏实际功率与温度关系

虽然实际辐照度与温度和实际功率呈线性关系，但湿度、风速、风向和压强与光伏实际出力并没有明显的线性关系，由图 5-3～图 5-6 很难找到两条曲线的线性关系。除此之外，由辐照度、温度、湿度、风速、风向及压强构成的统计特征和多项式特征对光伏实际功率也存在一定影响。因此需要以这些特征为基础建立构造特征，以便模型能够更好地学习各个特征与光伏实际出力之间的关系。

2. 光伏特征的构造

输入的特征数据在数值的大小上会存在差异（其中相对较大的称为奇异样本），若这些奇异样本直接放入模型进行训练会增加模型的训练时间，甚至会导致训练过程无法收敛。

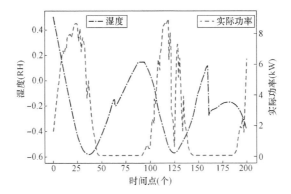

图 5-3   光伏实际功率与湿度关系

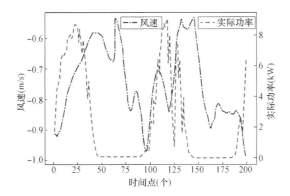

图 5-4   光伏实际功率与风速关系

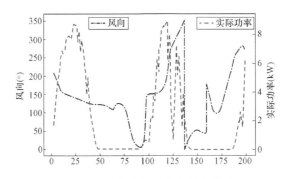

图 5-5   光伏实际功率与风向关系

归一化处理是将数据限定在［0，1］的区间内，可以有效避免上述问题的发生。此处选择最大最小标准化的归一化方法，即

$$x'_n = \frac{x_n - \min(x)}{\max(x) - \min(x)}$$

（5-3）

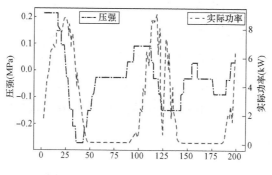

图 5 - 6 光伏实际功率与压强关系

式中：x 为需要归一化的数据；$\min(x)$、$\max(x)$ 分别为原始数据的最小值和最大值；x'_n 为归一化后的数据，其中 $x'_n \in [0, 1]$。

常见构造特征的方法如下。其中 $X=[X_1, X_2, \cdots, X_n]$ 为采集到的原始特征，X_i 表示第 $i(i=1, 2, \cdots, n)$ 个采样点的特征；$X_i=[x_{i1}, x_{i2}, \cdots, x_{im}]$，$x_{ik}(k=1, 2, \cdots, m)$ 表示样本的第 k 个特征，m 为原始特征的总个数。

（1）统计特征。由于某些数据具有波动性和随机性等特点，用此特征来表示在未来 t 时间内数据的变化情况，即

$$\left.\begin{aligned} \overline{x}_{ikt} &= \frac{1}{2t+1}\sum_{v=t}^{t} x_{(i+v)k} \\ S_{ikt} &= \left[\frac{1}{2t+1}\sum_{v=t}^{t}(x_{(i+v)k}-\overline{x}_{ikt})^2\right]^{\frac{1}{2}} \\ x_{\mathrm{max}kt} &= \max\{x_{vk}, x_{v+1}, \cdots, x_{v+tk}\} \end{aligned}\right\} \quad (5-4)$$

式中：$\overline{x}_{ikt}$、S_{ikt}、$x_{\mathrm{max}kt}$ 分别为在 $[i-t, i+t]$ 时间区间内的不同特征的平均值、标准差和最大值；$x_{(i+v)k}$ 表示等 $i+v$ 个采样点的第 k 个特征；x_{vk} 表示第 v 个采样点的第 k 个特征。

（2）组合特征。通过将各特征之间经简单的四则运算得到新特征。组合特征包含了线性和非线性特征，具体见式（5 - 5）。

$$\left.\begin{aligned} h_{io} &= x_{ij} + x_{ik} \\ h_{ip} &= x_{ij} - x_{ik} \\ h_{iq} &= x_{ij}x_{ik} \\ h_{ir} &= x_{ij}/x_{ik} \end{aligned}\right\} \quad (5-5)$$

式中：h_{ip}、h_{ip}、h_{iq}、h_{ir} 分别表示第 i 个采样点的加、减、乘和除法的新特征；x_{ij} 不仅包含从光伏电站采集到的原始特征，还可以包含式（5-4）构造的统计特征。

特征构造举例，在图 5-7 中并不能发现光伏发电功率和各温度之间的关系，经过分析，将光伏电池板的板温减去现场温度得到的温度差值与功率进行比较，则发现它们之间存在强相关性，如图 5-8 所示。实际应用中，板温的计算式为

$$t_b = t_{air} + \left(\frac{t_{NOC} - 20}{800}\right)G \tag{5-6}$$

式中：t_b 为光伏电池板的板温；t_{air} 为现场温度；t_{NOC} 为光伏电池额定工作温度；G 为辐照度。

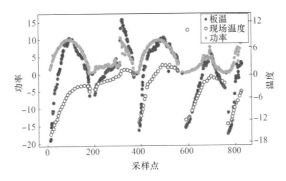

图 5-7　功率与温度的关系

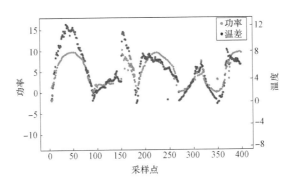

图 5-8　功率与温差之间的关系

诸如此类的影响因素通过特征构造后共有 125 个特征，这些特征构造对光伏出力的影响因素考虑全面，既能增加特征的非线性性，还可以发掘特征融合后对光伏发电功率的影响，使光伏预测更加精确。详细特征见表 5-1，表中 std 为标准差。

122

表 5 - 1　光伏数据全部构造特征

时间	风向+湿度/温度	湿度差	风速	辐照度+温度	温度²	湿度/温度	压强/辐照度	风向/辐照度 std
辐照度	风向/温度	风向/湿度	日间压强差	温度+压强	温度/压强	压强/温度	压强	日间风速 std
辐照度×2	温度/压强	日间风速差	温度 std	辐照度/温度	压强×湿度	风向/湿度	日间温度 std×日间温度 mean	压强×2
日间辐照度	日间风速 mean	风速/温度	温度 mean/日间温度 mean	辐照度/湿度	最大辐照度	白天温度 mean×2	日间温度差	温度差×日间温度 std
辐照度+压强	辐照度/温度	温度 std×2	湿度	风向×2	风向×压强	风速/压强	日间温度 std	温度/风速
辐照度+湿度	湿度 mean	温度	日间温度 std	辐照度+湿度	风向/风速	温度 std×温度 mean	温度 std×日间温度 mean	日间温度 std×2
日间压强 std	辐照度/风向+压强	风速×压强	温度 std×日间温度 std	辐照度/风向	温度/湿度	风速 std	日间温度 std×日间温度 mean	风向+温度
温度/辐照度	风速 mean	风速差	温度 mean	辐照度×风向	湿度/辐照度	风速×温度	日间温度差×日间温度 mean	日间湿度 mean
日间辐照度 mean	压强/湿度	month	日间温度差×2	辐照度+压强	日间湿度 std	日间湿度差	温度差×温度 std	压强 mean
压强/辐照度	辐照度×风速	湿度×2	湿度 mean	风速/风向	风速+温度	风速湿度	辐照度差×风速	压强/风向
辐照度×湿度	风速×2	日间温度 mean×夜晚温度 mean	温度 std	风向/压强	湿度/风向	日间温度 std	温度差×温度 mean	温度×温度 mean×2
辐照度+风速	压强 std	风向	日间温度 mean	湿度/风速	风速+压强	温度差	温度差×2	温度 std×日间温度 mean
温度+湿度	压强 std	风速×风向	风速 mean	风速/风向	day	风速/湿度	日间温度 std×温度 mean	温度/湿度
温度/风向	风向/温度	压强+湿度	温度差×日间温度	辐照度/压强	日间辐照度差	湿度/压强	湿度 std	日间辐照度 std

数据预处理的代码如下:

```
1   def data_preprocessing(path, train_list_i,test_list_i):
2   train_old = pd. read_csv(path + train_list_i,engine = 'python', encoding = 'UTF -
8')
3   test_old = pd. read_csv(path + test_list_i,engine = 'python',  encoding = 'UTF -
8')
4   train_old['year'] = train_old['时间']. apply(lambda x: x[0 : 4]). astype('int32')
5   train_old['month'] = train_old['时间']. apply(lambda x: get_month(x, train_list_
i)). astype('int32')
6   train_old['day'] = train_old['时间']. apply(lambda x: get_day(x, train_list_i))
. astype('int32')
    ##############data preprocessing##############
    #datamissing and fault 1
7   if (train_list_i = = 'train_1. csv'):
8   train_old = train_old. drop([0])
9   train_old = train_old. reset_index(drop = True)
10   train_old = train_old[~(train_old['year']. isin([2018])& train_old['month'].
isin([4])& train_old['day']. isin([1]))]
11   train_old = train_old. reset_index(drop = True)
12   train_old = data_missing_process1(train_old)
```

5.2.4　模型构建

为了方便对模型进行评价,将经过数据预处理后的建模数据划分为两部分。其中 80%用来训练模型,20%用作测试数据。

1. 光伏发电预测模型

基于机器学习的光伏发电预测流程图如图 5 - 9 所示。

本实验中采用的是 XGBoost 算法,XGBoost 算法是 2014 年中国青年计算机科学家陈天奇发明的一种梯度提升算法,可应用于处理回归和分类等数据挖掘。在最近几年国内外知名的机器学习竞赛中,如 2017 年 Kaggle 发布的一项美国 Zillow 平台关于房价预测的竞赛中有非常优异的表现。XGBoost 算法的基本原理如图 5-10 所示。图中假设某人的真实年龄为 30 岁，系统第一次给定预测年龄为 20 岁，因此第 0 轮预测的残差（residual）为 10 岁（30－20＝10）；第 1 轮的任务是利用下一个弱学习器去拟合上一轮的残差 10 岁，然后第 1 轮预测的年龄为 6 岁，残差为 4 岁；第 2 轮预测为 3 岁，残差为 1 岁；第 3 轮残差和预测年龄均为 1 岁即真实值预测值相等，因此停止学习；将图 5-10 右侧的各预测年龄相加（20＋6＋3＋1＝30 岁）刚好等于某人的真实年龄，这就是 XGBoost 算法学习的基本原理。

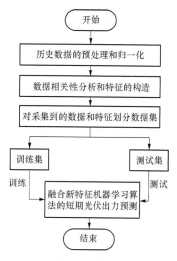

图 5-9　基于机器学习的光伏发电预测流程图

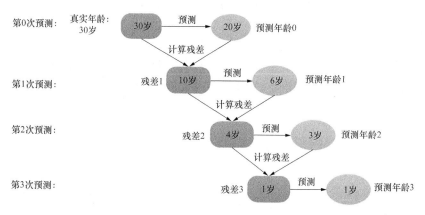

图 5-10　XGBoost 算法的基本原理

2. XGBoost 的目标函数

不同于传统的 GBDT 算法在处理损失函数（或目标函数）的过程中只运用一阶偏导数，XGBoost 算法对目标函数进行二阶泰勒公式的展开。且为了衡量目标函数的下降和模型建树的复杂程度，避免叶子节点和树个数太多，可使模型在原来的训练数据上拟合能力非常好，但是在新的数据中拟合能力大大下降即发生过拟合的情况，在原来的目标函数中引入正则化惩罚函数 $\Omega(f_t)$，即

$$\Omega(f_t) = \gamma T + \frac{1}{2}\lambda \sum_{j=1}^{T} w_j^2 \qquad (5-7)$$

式中：T 为模型建树的总数；γ、λ 分别为树的惩罚参数和权重 w_j 的惩罚项。

所以 XGBoost 算法的目标函数 $Obj(t)$ 是由两部分构成：描述真实值和预测值之间的差异 $l(y_i, \hat{y}_i^{(t)})$ 和防止模型过拟合的正则化函数 $\Omega(f_t)$，即

$$
\begin{aligned}
Obj(t) &= \sum_{i=1}^{n} l(y_i, \hat{y}_i^{(t)}) + \sum_{i=1}^{t} \Omega f(x_i) \\
&= \sum_{i=1}^{n} l[y_i, \hat{y}_i^{(t-1)} + f_t(x_i)] + \Omega(f_t) + C_0 \\
&= \sum_{i=1}^{n} l\{y_i - [\hat{y}_i^{(t-1)} + f_t(x_i)]\}^2 + \Omega(f_t) + C_0 \\
&= \sum_{i=1}^{n} [2(\hat{y}_i^{(t-1)} - y_i) f_t(x_i) + f_t(x_i)^2] + \Omega(f_t) + C_0
\end{aligned} \tag{5-8}
$$

运用泰勒公式进行二次展开得

$$
Obj(t) \cong \sum_{i=1}^{n} \left[l(y_i, \hat{y}_i^{(t-1)}) + g_i f_t(x_i) + \frac{1}{2} h_i f_t^2(x_i) \right] + \Omega(f_t) + C_0 \tag{5-9}
$$

前面的分析是对 n 个样本在整个数据上进行遍历，因为选的模型是树模型，可以将数据的树遍历转换在叶子节点上进行遍历，即对式（5-9）进行等价变换得到

$$
\begin{aligned}
Obj(t) &\cong \sum_{i=1}^{n} \left[g_i f_t(x_i) + \frac{1}{2} h_i f_t^2(x_i) \right] + \Omega(f_t) \\
&\cong \sum_{i=1}^{n} \left[g_i w_q(x_i) + \frac{1}{2} h_i w_q^2(x_i) \right] + \gamma T + \frac{1}{2} \lambda \sum_{j=1}^{T} w_j^2 \\
&= \sum_{j=1}^{T} \left[\left(\sum_{i \in I_j} g_i \right) w_j + \frac{1}{2} \left(\sum_{i \in I_j} h_i + \lambda \right) w_j^2 \right] + \gamma T
\end{aligned} \tag{5-10}
$$

在式（5-10）中，令 $G_j = \sum_{i \in I_j} g_j$，$H_j = \sum_{i \in I_j} h_i$，得

$$
Obj(t) = \sum_{j=1}^{T} \left[G_j w_j + \frac{1}{2} (H_j + \lambda) w_j^2 \right] + \lambda T \tag{5-11}
$$

对于目标函数式（5-11）如何求得目标函数的最小值，即求出光伏发电预测模型的合适参数，需要对目标函数进行求导，即

$$
\frac{\partial J(f_t)}{\partial w_j} = G_j + (H_j + \lambda) w_j = 0 \tag{5-12}
$$

由式（5-12）求得 $w_j = -\dfrac{G_j}{H_j + \lambda}$，代入式（5-11）得

$$Obj = -\frac{1}{2} \sum_{j=1}^{T} \frac{G_j^2}{H_j + \lambda} + \gamma T \qquad (5-13)$$

式（5-8）～（5-12）中：y_i 为预测值；$\hat{y}_i^{(t)}$ 为预测值的平均值；$f_t(x_i)$ 为 t 时刻的输入函数；$\Omega(f_t)$ 为防止模型过拟合的正则化函数；C_0 为目标函数在运算过程中所产生的常数项；w_j 为各叶子节点在树模型中的权值；T 为树的个数；γ 为 T 的惩罚系数；$g_i = \partial_{\hat{y}^{(t-1)}} l\left[y_i, \hat{y}^{(t-1)}\right]$ 为 l 函数对 $\hat{y}^{(t-1)}$ 的一阶导数；$h_i = \partial_{\hat{y}^{(t-1)}}^2 l\left[y_i, \hat{y}^{(t-1)}\right]$ 为 l 函数对 $\hat{y}^{(t-1)}$ 的二阶导数；λ 为 L2 正则化惩罚项的系数。

5.3　模型评价

5.3.1　模型评估指标

在光伏出力点预测的模型评估中，不同的评估指标适合不同的预测模型，本章选择四个指标共同判断光伏预测模型的优劣。均方误差（Mean Squared Error，MSE）见式（5-14），表示训练输出和实际功率之间距离的平方和；平均绝对误差（Mean Absolute Error，MAE）见式（5-15）；R^2（R-squared）表示可决系数见式（5-16）；平均绝对百分比误差（Mean Absolute Percentage Error，MAPE）见式（5-17）。

$$\text{MSE} = \frac{1}{n} \sum_{1}^{n} (y_i - \hat{y}_i)^2 \qquad (5-14)$$

$$\text{MAE} = \frac{1}{n} \sum_{i=1}^{n} |\hat{y}_i - y_i| \qquad (5-15)$$

$$R^2(y, \hat{y}) = 1 - \frac{\sum\limits_{i=0}^{n-1} (y_i - \hat{y}_i)^2}{\sum\limits_{i=0}^{n-1} (y_i - \overline{y})^2} \qquad (5-16)$$

$$\text{MAPE} = \frac{1}{n} \sum_{i=1}^{n} \left| \frac{y_i - \hat{y}_i}{y_i} \right| \times 100 \qquad (5-17)$$

式中：n 为光伏数据样本的个数；y_i 为第 i 个光伏出力的真实值；$\hat{y}_i$ 为第 i 个

光伏出力的预测值。

5.3.2　模型性能优化

在传统的留出法（hold-out）中，只将数据集 D 分为两个互斥的训练集 S 和测试集 T，在数据不够多时，模型受分割后的数据与原始的数据分布是否相同有很大影响，有时会出现过拟合（overfit）的现象。

K 折交叉验证（K fold validation）又称为循环验证，它是把数据 D 分割成 K 块相等的互斥集合（训练集和测试集），每次训练只选取其中的 $K-1$ 个子集来训练模型，剩余的子集当作测试样本，最后根据输出 K 个结果的均方根误差大小来确定 K 值。K 折交叉验证原理如图 5-11 所示，本章选择将数据分为 4 个子集即 $K=4$。

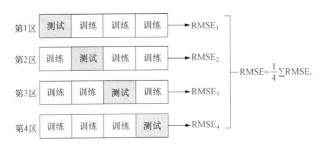

图 5-11　K 折交叉验证原理

5.4　基于 **Python** 的光伏发电预测算例仿真

5.4.1　预测结果

为了说明在添加新特征后 XGBoost 算法的拟合效果，本章选择 XGBoost、LGB、LSTM 和 NN 四种机器学习算法进行比较，这些算法的模型输入均添加了新的构造特征，训练光伏发电预测模型并得到未来 12h 内的光伏发电功率曲线。

XGBoost 模型程序代码：

```
1  def xgb_train_actual_power(X_train,y_train, X_validation, y_validation, test_
features, params, column_name, experiment_time, train_list):
2  """
```

```
3  column_name : a list who has onle one element which is a string
4  editor : yyh
5  """
6  clf = XGBRegressor(max_depth = 6,
7  learning_rate = 0. 02,
8  n_estimators = 160,
9  silent = True,
10  objective = 'reg:linear',
11  booster = "gbtree",
12  gamma = 0. 1,
13  min_child_weight = 1,
14  subsample = 0. 7,
15  colsample_bytree = 0. 5,
16  reg_alpha = 0,
17  reg_lamda = 10,
18  random_state = 1000)
```

LGB 模型程序代码：

```
1  def lgb_train_actual_power(X_train, y_train, X_validation, y_validation, test
_features, params, column_name, experiment_time, train_list):
2  """
3  column_name : a list who has onle one element which is a string
4  editor : yyh
5  """
6  lgb_train = lgb. Dataset(X_train, label = y_train)
7  lgb_eval = lgb. Dataset(X_validation, y_validation, reference = lgb_train)
8  print('begin train')
9  gbm = lgb. train(params,
10  lgb_train,
11  num_boost_round = 50000,
12  valid_sets = lgb_eval,
13  early_stopping_rounds = 100,
```

```
14   verbose_eval = 100)
```

LSTM 模型程序代码：

```
1    def lstm_train_actual_power(X_train, y_train, X_validation, y_validation,
test_features, params, column_name, experiment_time, train_list):
2    """
3    column_name : a list who has onle one element which is a string
4    editor : yyh
5    """
6    X_train = X_train. values. reshape(X_train. shape[0], 1, X_train. shape[1])
7    X_validation = X_validation. values. reshape(X_validation. shape[0], 1, X_vali-
dation. shape[1])
8    test_features = test_features. values. reshape(test_features. shape[0], 1, test_
features. shape[1])
```

NN 模型程序代码：

```
1    def NN_train_actual_power(X_train, y_train, X_validation, y_validation, test_
features, params, column_name, experiment_time, train_list):
2    """
3    column_name : a list who has onle one element which is a string
4    editor : yyh
5    """
6    clf = MLPRegressor(hidden_layer_sizes = (100, 100, 100), activation = 'relu',
solver = 'adam', alpha = 0. 0001, batch_size = 200, learning_rate = 'constant', learning_
rate_init = 0. 02, power_t = 0. 5, max_iter = 200, shuffle = True, random_state = None, tol
= 0. 0001, verbose = False, warm_start = False, momentum = 0. 9, nesterovs_momentum =
True, early_stopping = True, validation_fraction = 0. 1, beta_1 = 0. 9, beta_2 = 0. 999, ep-
silon = 1e - 08)
7    clf. fit(X_train, y_train)
```

分别将上述四种预测方法在不同的天气条件下的预测效果进行对比。本文分别选择在［晴朗无云（4 月 15 日）、多云天气（5 月 3 日）和小雨天气（5 月 7日）］三种常见的天气条件下进行预测对比，预测结果如图 5 - 12～图 5 - 14 所示。

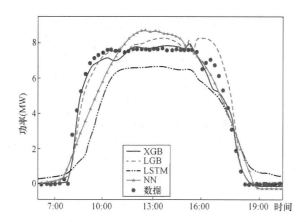

图 5-12　晴朗天气下光伏发电预测对比

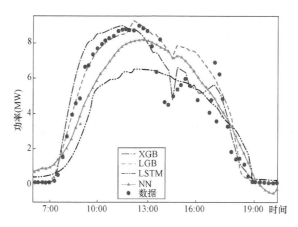

图 5-13　多云天气下光伏出力预测对比

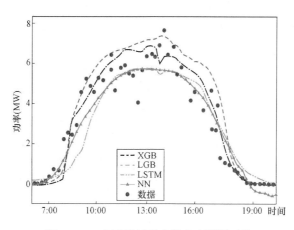

图 5-14　小雨天气下光伏出力预测对比

在晴朗无云（4月15日）天气条件下预测结果如图 5-12 所示，四种预测方法均取得了非常不错的效果，对光伏出力曲线的变化规律拟合得也不错。特别是在发电的高峰时期（11:00—14:00）XGB 曲线更贴近真实的光伏出力点；NN 曲线在 9:00—14:00 时对真实出力点的拟合能力存在较大偏差，14:00 后预测的值与真实值之间差异不是很明显。

在天气状况为多云条件下预测结果如图 5-13 所示，四种预测结果均出现了不同大小的偏差。在 7:00—13:00 时间段内，LGB 算法曲线对真实光伏功率的拟合能力非常好，但是在 13:00 后随着云层的出现和移动，光伏发电出现了较大的波动性，整体的预测曲线要明显高于真实的光伏出力；XGB 算法光伏预测方法在上午的表现也不错，随着云层的出现，预测的光伏出力曲线基本处于其他曲线的中间，表现明显比其他三种（图 5-13 中的 LGB、LSTM 和 NN）预测方法好，对波动较大的真实功率具有更强的拟合能力。

在小雨天气条件下，光伏出力功率相较于晴朗天气条件且功率之间呈现较大的波动性和离散性，几种预测方法在不同时间段内的表现各有差异（见图 5-14）。从图中可以直观地看出 XGB 算法光伏预测曲线在大多数时间段内处于 LGB 算法和 NN 算法两条预测曲线的中间，整体表现不错。

5.4.2 预测效果分析

表 5-2 为各个算法的预测结果，通过评价指标可以直观地查看每个预测模型的实验效果。其中 LSTM 算法和 NN 算法预测误差较大；LGB 模型和 XGB 模型预测效果比较接近。该表结果的预测输入为所有天气数据，若将数据细分为晴天天气、多云天气、小雨天气等数据，可以体现出 XGB 算法的优越性，读者可自主学习。综合来看，XGBoost 算法光伏出力预测方法，要优于其他三种预测方法，具有更强的拟合能力和精度。

表 5-2　　　　　　　　　　　各个模型的预测结果

算法类型	评价指标			
	MSE	MAE	R^2	MAPE
LGB	1.328	0.658	0.871	4.512
XGB	1.370	0.748	0.867	5.318

续表

算法类型	评价指标			
	MSE	MAE	R²	MAPE
LSTM	2.659	1.099	0.741	8.495
NN	1.793	0.772	0.826	5.385

本章参考文献

[1] Lorenz E，Hurka J，Heinemann D，et al. Irradiance forecasting for the power prediction of gridconnected photovoltaic systems [J]. IEEE Journal of Selected Topics in Applied Earth Observations and Remote Sensing，2009，2 (1)：2-10.

[2] 赖昌伟，黎静华，陈博，等. 光伏发电出力预测技术研究综述 [J]. 电工技术学报，2019，34 (06)：1201-1217.

[3] 龚莺飞，鲁宗相，等. 光伏功率预测技术 [J]. 电力系统自动化，2016，40 (04)：140-151.

[4] 陈昌松，段善旭，殷进军. 基于神经网络的光伏阵列发电预测模型的设计 [J]. 电工技术学报，2009，24 (09)：153-158.

[5] 丁明，王磊，毕锐. 基于改进 BP 神经网络的光伏发电系统输出功率短期预测模型 [J]. 电力系统保护与控制，2012，40 (11)：93-99，148.

[6] 袁晓玲，施俊华，徐杰彦. 计及天气类型指数的光伏发电短期出力预测 [J]. 中国电机工程学报，2013，33 (34)：57－64＋12.

[7] 海涛，闻科伟，周玲，等. 基于气象相似度与马尔科夫链的光伏发电预测方法 [J]. 广西大学学报（自然科学版），2015，40 (06)：1452-1460.

[8] 陈志宝，李秋水，程序，等. 基于地基云图的光伏功率超短期预测模型 [J]. 电力系统自动化，2013，37 (19)：20-25.

第6章　生物质发电系统中的沼气产量预测

6.1　研究背景与意义

生物质能源具有环境友好、可再生、来源广泛、存量丰富、用途多样等优点。生物质能源主要来源是农业产生的废弃物、树木、油料植物、动物粪便、生活中的有机废弃物等。生物质能源的燃烧不仅可以提供热量，还可以用于制备多种化工产品，如汽车燃料等[1]。目前将生物质转化为能量的方式主要有以下几种：一是利用热化学转换，将生物质能源转化为一些可燃气体和燃油等能源产品；二是用于生物化学，即通过微生物的发酵使其产生酒精、沼气等能源产品；三是产生生物油，生物油的主要来源是油料作物；四是将生物质能源直接用于燃烧。

深度学习算法被广泛应用于生物质能源的预测与优化。例如基于 BP 神经网络算法的学习过程分为信号的正向传播和误差的反向传播两个阶段，同时建立一个新的三层 BP 神经网络模型，并利用新型 BP 神经网络训练并预测出更拟合实验数据的结果，这样做的好处是可以使用不同的原料比例快速预测未来沼气的累积气体产量，进而对非最优的原料配比发酵过程进行预筛选，提高沼气企业的经济效益[2]。有的研究者在对污水处理技术方面作出了新的尝试，建立二元线性回归方程，认为污水处理系统中的沼气产生量与污水二级处理量有关，并且呈线性关系，利用大数据的采集，通过线性回归可以寻找其中的线性关系，这样一旦得到其中两个参数，即可得到第三个参数，可以对沼气的产量进行预测[3]。沼气产量影响生物质能源发电系统的发电量，它与其他子系统合理配合，能使综合能源系统的优化得以实现[4]。本章将采用机器学习的相关算法对某餐厨垃圾发电系统中的沼气产量进行预测，通过样本的学习训练发现其统计规律，挖掘影响沼气产量的因素，对每—时刻的沼气产量进行较为精准的预测，并用 Python 实现算例仿真。

6.2　数据处理

数据处理的一般步骤是数据收集、数据预处理、数据存储、数据处理、数据分析等，除了一些常规的手段，如异常数据的删除、缺失数据的填充等，还要根据算法模型的需要，对数据进行进一步的处理。针对本章有关沼气预测的数据集，研究重点放到特征工程上，原因是原始数据集基数大，需要对数据样本进行修正，找出真正能够影响目标函数的那些数据，然后合理地选择模型的输入、输出，确定模型的结构，预测产量。正确合理地处理数据，找到最适合模型输入的数据表示形式，是用机器学习解决现实世界诸多问题过程中的主要任务之一。

6.2.1　特征工程

在机器学习过程中，特征工程是相当重要的一环。关于特征工程最常见的说法是："数据决定了机器学习的上限，而算法只是尽可能逼近这个上限"。这里用到的数据并不是原始数据，而是经过特征工程处理过的数据。特征工程能够强化数据，让模型发挥更好的效果。一般认为特征工程包括特征构建、特征提取、特征选择三个部分。

6.2.2　数据表示

要将数据输入机器学习模型中，需要把特征转化为实数向量，然后才能与模型权重相乘。关于数值类的数据，整数与浮点数据不需要特殊的编码就可以直接与权重相乘，但是分类特征可能是一组离散值，这时只需要定义一个映射，能够将它们映射到整数。还有一种特征表示的方法是稀疏表示，类似于数学里面的稀疏矩阵，它仅存储非零值，能够减少大量的存储空间的占用并且减少计算时间。

6.2.3　特征聚合和特征组合

如果现有的特征不能满足数据分析的要求，并且无法体现特征之间的关联关系，这个时候可以用转换根据已有特征构造更多的特征，通过聚合构造出模型所需要的特征。转化是指基本特征聚合，通常是在原数据的基础上，基于某个特征类别利用统计学的方法，拓展出更多的数据，以达到丰富原始数据，构造有意义的新特征的方法。相关的统计学方法可以是计算特征的中位数、算术平均数、最大最小值、标准差、偏度、峰度等。组合是指基本交叉特征，在原数据的基础上，将不同特征相互交叉组合，比如特征之间简单的加减乘除运算等，特征交叉能够很好地解决多维数据集上非线性拟合的问题，在很多情况下，预测值与特征量之间的关系是非线性的。

6.3 机器学习算法

机器学习模型比较常见的是梯度提升迭代决策树（Gradient Boosting Decision Tree，GBDT），其优点主要训练效果好、不容易出现过度拟合等。而 LightGBM（Light Gradient Boosting Machine）是 GBDT 的一个算法框架，LGB 能够在并行训练中保持高效率，并且拥有快速的训练速度和更小的内存消耗，它对大量数据处理的准确率更高。像神经网络算法这样的常用的机器学习算法，都可以从训练数据中选取一小批量数据的方式训练，因而训练数据的大小不会再受到内存限制。但是迭代决策树的每一次迭代都会把训练数据通过模型训练很多次，这样整个数据被装进内存的话会限制训练数据的大小，否则装进内存会因为数据的反复读写而花费大量的时间。正因为此，GBDT 在面对大数据会显得无能为力，而 LGB 在这个问题上是一个新的解决思路，它适用于大数据的应用与实践。

LightGBM 是一种基于直方图的决策树算法，简单来说直方图算法是通过把连续的浮点特征值——离散化，转化成为数量为 k 的离散值，同时将这些特征值累积在一个宽度为 k 的直方图中，经过多次的数据遍历，离散的数据最后会在直方图中累积成统计量，这样方便根据这些离散值去寻找最优的分割点。图 6-1 展示了直方图累计算法的过程。

直方图算法的优点是能够降低内存的消耗，它不需要存储排序的结果，只保留了特征离散后的值。那么对应的缺点也很明显，特征被离散化后找到的分割点可能不会很精确，会对结果产生影响，对于不同的数据集，影响不同。但

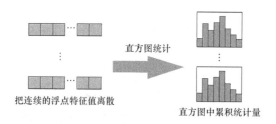

图 6-1　直方图累计算法的过程

是像 LightGBM 这样的决策树算法是弱模型，对最终的精度影响不大，而且分割点不精准可以带来一点正则化的效果，可以防止过拟合。此外，LGB 算法采用单边梯度采样，以牺牲数据量为代价确保精准度，具体做法是在拟合残差树之前，保留所有梯度较大的样本，剔除梯度较小的样本，并随机保留一些梯度较小的样本，并为不同的样本分配不同的权重值，使直方图算法发挥更大的作用。

LightGBM 的另一个特点是带深度限制的叶子生长策略。数据经过一次按叶子生长的决策树算法可以分裂成同一层叶子，可以减少过拟合，方便进行多线程的优化，同时易于简化模型。而按层生长的算法相对来说就不是很高效了，问题在于它对同一层的所有叶子是等效的，不会对同一层的叶子加以区分，因此它是一种低效算法，这样不加区分地对待同一层的叶子，会导致效率的降低，在分裂次数相同的情况下，按叶子生长的算法可以提升精度而降低误差，在一定程度上更加高效。按层生长算法的缺点不仅是误差更大了，并且可能会导致决策树生长得太深，产生过拟合。按层生长算法的决策树如图 6-2 所示，按叶子生长算法的决策树如图 6-3 所示。LGB 在选择按叶子生长的基础上还增加了一个最大深度限制，这样可以兼顾效率和防止过拟合。

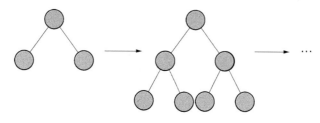

图 6-2　按层生长的决策树

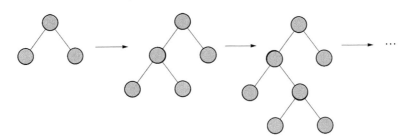

图 6 - 3　按叶子生长的决策树

6.4　基于 Python 的算例分析

算例仿真采用基于某餐厨垃圾发电系统 2019 年 5 月份的数据作为数据集。从系统中采集的数据主要是各个生产环节中的状态数据，针对在厌氧罐中产生的沼气，主要用到与厌氧罐相关的数据，如入口总管压力、进水量等数据，利用这些数据进行仿真分析沼气产量预测，为后续沼气的分配及系统的进一步优化提供依据。

6.4.1　准备工作

先导入 Python 分析必要的扩展库，使用如下程序导入：

```
import pandas as pd

import numpy as np

import time

from sklearn.model_selection import train_test_split

import matplotlib.pylab as plt

import lightgbm as lgb

import xgboost as xgb

from sklearn.linear_model import SGDRegressor, LinearRegression, Ridge

from sklearn.preprocessing import MinMaxScaler

from tqdm import tqdm

from sklearn.metrics import mean_absolute_error, mean_squared_error

import warnings

warnings.filterwarnings('ignore')
```

```
pd.set_option('display.max_columns',200)

pd.set_option('display.max_rows',400)
```

6.4.2　实验环境配置

本算例的实验平台是 Jupyternotenook，python3.7，windows 10 所搭载的操作系统，使用基于 TensorFlow 的 Keras 框架进行编码。

6.4.3　编程

1. 数据读取

```
path = 'path' # path 为数据文件的路径

rdata = pd.read_excel(path)

rdata
```

得到的部分数据如图 6-4 所示。

年	月	日	时	分	秒	入口总管压力(kPa)	罐进水A(L)	罐产气A(m³)	罐压力A(kPa)	罐进水B(L)	罐产气B(m³)	罐压力B(kPa)	罐进水C(m³)
2019	5	1	0	0	0	0.717592001	4.083333468	353.0092468	0.972222209	4.697916985	415.2199097	0.972222209	12.99189758
2019	5	1	0	5	0	0.688657999	4.03125	368.3449097	0.946180522	4.791666985	413.194458	0.946180522	12.47106457
2019	5	1	0	10	0	0.682869971	4.041666985	332.4653015	0.934606493	4.833333015	391.2037048	0.934606493	13.16551018
2019	5	1	0	15	0	0.688657999	4.145833015	322.6273193	0.920138776	4.8125	408.5648193	0.9375	10.87963009
2019	5	1	0	20	0	0.723380029	4.09375	326.3888855	0.957754612	4.864583015	435.4745483	0.963541627	12.64467525
2019	5	1	0	25	0	0.758102	4.104166985	335.6481628	0.989583373	4.927083015	308.4490662	0.975115776	12.8182869
2019	5	1	0	30	0	0.659721971	4.197916985	348.3796387	0.917245388	4.8125	368.055542	0.914351821	12.09490776
2019	5	1	0	35	0	0.653935015	4.197916985	298.9004517	0.908564925	4.854166985	340.5671387	0.902777791	13.33911991
2019	5	1	0	40	0	0.694445014	4.270833015	320.3125	0.960648179	4.822916985	388.5995483	0.963541627	12.90509224
2019	5	1	0	45	0	0.630788028	4.302083015	346.0648193	0.899884224	4.958333015	397.8587952	0.899884224	11.74768543
2019	5	1	0	50	0	0.734954	4.28125	307.0023193	0.992476821	5.03125	396.7013855	0.995370388	12.99189758
2019	5	1	0	55	0	0.717592001	4.197916985	342.5925903	0.992476821	5.052083015	368.6342468	0.986689925	12.73148346
2019	5	1	1	0	0	0.752314985	4.114583015	389.1782532	1.021412015	5.052083015	392.6504517	1.012731552	10.67708397
2019	5	1	1	5	0	0.821759999	4.239583015	432.5809937	1.087962985	4.979166985	368.9236145	1.070601821	11.57407379
2019	5	1	1	10	0	0.844907999	4.1875	420.7175903	1.157407403	4.770833015	432.2916565	1.142939925	12.35532379

图 6-4　读取的数据

可以看到数据量还是比较庞大的，有 8000 多行，150 多列，根据产气原理初步选择进水量、产气量以及压力作为数据分析的基本特征。

2. 处理异常数据

由于采集数据时测量设备的状态异常会导致数据采集不准确，原始数据中存在的明显错误，考虑到相关参数的权重系数影响，为降低预测的误差和提高后面建立的训练模型的精度，将对异常数据进行处理，处理方法是剔除异常数据。针对异常数据进行分析，剔除如缸套水温度低于-500℃等异常数据，其余空缺数据用均值替代。

异常数据处理程序如下：

```
#删除异常数据
def dealdata（data）：
    outdata = data
    outdata = outdata. drop(outdata[outdata['缸套水温度 1']<－500]. index)
    return outdata
data = dealdata(rdata)
```

3. 生成模型输入和输出

可以观察到在输入样本中，存在值为 0 或者固定值的特征，可以认为这样的特征意义不大，模型需要的是具有良好的特征的数据，而方差为 0 的数据不具备良好特征应有的条件，因此先将它们剔除。初步选取压力、进水以及产气量作为基本特征，并保留时间数据。生成一列新的特征 GasSum 为产气量的总和。

使用如下程序生成模型的输入和输出：

```
data_df1 = data[['年', '月', '日', '时', '分', '秒', '入口总管压力', '罐进水 A', '罐压力 A', '罐产气 A', '罐进水 B', '罐压力 B', '罐产气 B', '罐进水 C', '罐压力 C', '罐产气 C']]
    def getY(data)：
        y = pd. DataFrame(data['罐产气 A'] + data['罐产气 B'] + data['罐产气 C'], columns = ['GasSum'])
        data_new = pd. concat([data, y],axis = 1)    #横向拼接
        return data_new
data_df2 = getY(data_df1)
data_df = data_df2. drop(columns = ['年', '月', '时', '秒', '入口总管压力']). astype('float64')
data_df. columns = ['day', 'min', 'waterinA', 'pressA','gasA', 'waterinB', 'pressB','gasB', 'waterinC', 'pressC', 'gasC', 'GasSum']
data_df
```

最后将新得到的数据的列名设置为英文，方便后续分析，处理后的数据表如图 6-5 所示。

	day	min	waterinA	pressA	gasA	waterinB	pressB	gasB	waterinC	pressC	gasC	GasSum
0	1.0	0.0	4.083333	0.972222	353.009247	4.697917	0.972222	415.219910	12.991898	0.943287	914.351868	1682.581024
1	1.0	5.0	4.031250	0.946181	368.344910	4.791667	0.946181	413.194458	12.471065	0.902778	906.828674	1688.368042
2	1.0	10.0	4.041667	0.934606	332.465302	4.833333	0.934606	391.203705	13.165510	0.842014	853.588013	1577.257019
3	1.0	15.0	4.145833	0.920139	322.627319	4.812500	0.937500	408.564819	10.879630	0.853588	893.518494	1624.710632
4	1.0	20.0	4.093750	0.957755	326.388885	4.864583	0.963542	435.474548	12.644675	0.836227	841.435181	1603.298615
...	...	...	...	...	...	...	...	...	...	...	...	...
8689	31.0	35.0	6.177083	0.752315	324.363434	5.291667	0.732060	446.759247	11.834491	0.752315	825.810181	1596.932861
8690	31.0	40.0	5.968750	0.755208	360.532410	5.229167	0.703125	418.113434	11.979166	0.703125	772.569397	1551.215240
8691	31.0	45.0	5.958333	0.795718	327.256958	5.156250	0.737847	366.030090	11.284722	0.740741	751.157410	1444.444458
8692	31.0	50.0	5.812500	0.772569	287.905090	5.197917	0.700231	369.212952	12.037037	0.714699	786.458313	1443.576355
8693	31.0	55.0	5.906250	0.836227	348.669006	5.145833	0.746528	409.722198	11.979166	0.853588	918.981506	1677.372711

8694 rows × 12 columns

图 6-5　处理后的数据

4. 特征工程

为确定各个特征是否紧密关联，确保输入机器学习模型的数据每一个特征都是独一无二，采用基本聚合特征和基本交叉特征，拓展原数据特征。基本特征聚合意味着从现有的数据中构造额外特征，这些特征通常分布在多张相关的表中。首先将基本特征基于其统计值进行拓展，这里用到了基于天数和分钟的进水和压力特征的中位数（median）、平均数（mean）、最大值（max）、最小值（min）、标准差（std）、偏度（skew）、峰度（kurt）以及较小四分之一位数和较大四分之一位数。然后对拓展后的数据进行特征间的交叉，这里用到了简单的交叉形式特征间的加减乘除运算。

用偏度来表征随机变量概率分布的不对称性，其计算公式为式（6-2）。偏度的取值范围在负无穷到正无穷间，偏度为负时，表明概率分布图左偏，偏度为零时，表面数据的概率分布在平均值附近，分布相对均匀但不一定是绝对对称分布。偏度为正时，表明概率分布图右偏。峰度值 K 用来表征随机变量概率分布的陡峭程度。

标准差的计算公式为

$$\sigma = \sqrt{\frac{1}{N} \sum_{i=1}^{N} (x_i - \mu)^2} \tag{6-1}$$

$$Skew(x) = \frac{1}{N} \sum_{i=1}^{N} \left[\left(\frac{x_i - \mu}{\sigma} \right)^3 \right] \tag{6-2}$$

式中：μ 为均值；σ 为标准差；$Skew$ 为偏度值。

$$K = \frac{1}{N} \sum_{i=1}^{N} \left[\left(\frac{x_i - \mu}{\sigma} \right)^4 \right] \qquad (6-3)$$

当峰度正好等于 3 时，数据的概率分布图会完全服从正态分布。预测误差采用均方差误差 RSME，计算公式为

$$RMSE = \sqrt{\frac{1}{m} \sum_{m=1}^{M} (y_m - \hat{y}_m)^2} \qquad (6-4)$$

式中：m 为测试集中的数据数；y_m 为实际数据的值；$\hat{y}_m$ 为预测值。

实现程序代码为：

```
#基本聚合特征
group_feats = []
for f in tqdm(['waterinA', 'pressA', 'waterinB', 'pressB', 'waterinC', 'pressC']):
    data_df['MDH_{}_medi'.format(f)] = data_df.groupby(['day','min'])[f].transform('median')
    data_df['MDH_{}_mean'.format(f)] = data_df.groupby(['day','min'])[f].transform('mean')
    data_df['MDH_{}_max'.format(f)] = data_df.groupby(['day','min'])[f].transform('max')
    data_df['MDH_{}_min'.format(f)] = data_df.groupby(['day','min'])[f].transform('min')
    data_df['MDH_{}_std'.format(f)] = data_df.groupby(['day','min'])[f].transform('std')
    data_df['MDH_{}_skew'.format(f)] = data_df.groupby(['day','min'])[f].transform('skew')
    data_df['MDH_{}_kurt'.format(f)] = data_df.groupby(['day','min'])[f].transform
(pd.DataFrame.kurt)
    data_df['MDH_{}_p75'.format(f)] = data_df.groupby(['day','min'])[f].transform
(lambda x: np.percentile(x.unique(), 75))
    data_df['MDH_{}_p25'.format(f)] = data_df.groupby(['day','min'])[f].transform
(lambda x: np.percentile(x.unique(), 25))

    group_feats.append('MDH_{}_medi'.format(f))
    group_feats.append('MDH_{}_mean'.format(f))
#基本交叉特征
for f1 in tqdm(['waterinA', 'pressA', 'waterinB', 'pressB', 'waterinC', 'pressC'] + group_
feats):

    for f2 in ['waterinA', 'pressA', 'waterinB', 'pressB', 'waterinC', 'pressC'] + group
```

```
_feats：
            if f1 ！ = f2：
                colname1 = '{}_{}_ratio'. format(f1, f2)
                data_df[colname1] = data_df[f1]. values / data_df[f2]. values
                colname2 = '{}_{}_add'. format(f1, f2)
                data_df[colname2] = data_df[f1]. values + data_df[f2]. values
                colname3 = '{}_{}_sub'. format(f1, f2)
                data_df[colname3] = data_df[f1]. values - data_df[f2]. values
                colname4 = '{}_{}_mut'. format(f1, f2)
                data_df[colname4] = data_df[f1]. values * data_df[f2]. values
    data_df = data_df. fillna(method = 'bfill')
```

可以得到处理后的数据从原来的 12 列拓展到了 1290 列，如图 6-6 所示。特征构造需要从数据中提取相关信息并将其存入单张表格中，然后被用来训练机器学习模型。这需要花大量的时间去研究真实的数据样本，思考问题的潜在形式和数据结构，同时能够更好地应用到预测模型中。

	day	min	waterinA	pressA	gasA	waterinB	pressB	gasB	waterinC	pressC	gasC	MDH_waterinA_medi	MDH_waterinA_mean	MDH_waterinA_max
0	1.0	0.0	4.083333	0.972222	353.009247	4.697917	0.972222	415.219910	12.991898	0.943287	914.351868	5.119792	4.336372	8.239584
1	1.0	5.0	4.031250	0.946181	368.344910	4.791667	0.946181	413.194458	12.471065	0.902778	906.828674	5.250000	4.126302	8.093750
2	1.0	10.0	4.041667	0.934606	332.465302	4.833333	0.934606	391.203705	13.165510	0.842014	853.588013	5.151042	4.046007	8.229167
3	1.0	15.0	4.145833	0.920139	322.627319	4.812500	0.937500	408.564819	10.879630	0.853588	893.518494	5.109375	4.080729	8.135417
4	1.0	20.0	4.093750	0.957755	326.388885	4.864583	0.963542	435.474548	12.644675	0.836227	841.435181	5.078125	4.082899	8.156250
...														
8689	31.0	35.0	6.177083	0.752315	324.363434	5.291667	0.732060	446.759247	11.834491	0.752315	825.810181	6.177083	6.177083	6.177083
8690	31.0	40.0	5.968750	0.755208	360.532410	5.229167	0.703125	418.113434	11.979166	0.703125	772.569397	5.968750	5.968750	5.968750
8691	31.0	45.0	5.958333	0.795718	327.256958	5.156250	0.737847	366.030090	11.284722	0.740741	751.157410	5.958333	5.958333	5.958333
8692	31.0	50.0	5.812500	0.772569	287.905090	5.197917	0.700231	369.212952	12.037037	0.714699	786.458313	5.812500	5.812500	5.812500
8693	31.0	55.0	5.906250	0.836227	348.669006	5.145833	0.746528	409.722198	11.979166	0.853588	918.981506	5.906250	5.906250	5.906250

8694 rows × 1289 columns

图 6-6　特征聚合和特征组合后的数据

5. 划分训练数据集和测试数据集

模型输入为 X，输出为 Y。运用 sklearn 的 train _ test _ split 模块将数据分割成训练数据集和测试数据集。这样得到的 Xtrain，Xtest，Ytrain，Ytest 可以作为模型输入用于预测数据。

```
X = data_df. drop(columns = ['GasSum']). astype('float64')

Y = data_df[['GasSum']]

Xtrain, Xtest, Ytrain, Ytest = train_test_split(X, Y, test_size = 0. 2, random_state
```

= 43, shuffle = False)

6. 模型搭建

本次模型参数设置 LightGBM 模型迭代次数 50000，一棵树上的叶子数 31，学习率 0.05，降低过拟合正则化 L1，同时如果一个验证集的度量在 100 循环中没有提升，将停止训练。最后将预测结果可视化，得到输出图像预测值 与真实值的比对。

实现程序代码为:

```
#定义 LGB 模型
from sklearn. model_selection import GridSearchCV


def Traininglgb(Xtrain,Ytrain, Xtest, Ytest):
    np. random. seed(int(time. time()))
    model = lgb. LGBMRegressor(objective = 'regression',num_leaves = 31,
    learning_rate = 0. 05,n_estimators = 50000)
    model. fit(Xtrain, Ytrain,eval_set = [(Xtest,Ytest)],eval_metric = 'l1',early
_stopping_rounds = 100)
    y_pred = model. predict(Xtest, num_iteration = model. best_iteration_)
    y_pred = np. reshape(y_pred,( - 1,1))
    Ytable = np. hstack((Ytest,y_pred))#将真实值和预测值放在同一个表格中
    Ytable = pd. DataFrame(Ytable,columns = ['real','pred'])
    return model,Ytable
```

7. 运行模型

运行模型实现程序代码为:

```
% % time
using_model = 'lgb'
model_gas,ytable = Traininglgb(Xtrain, Ytrain, Xtest, Ytest)
    #导出模型,预测结果与真实值,测试集的时间数据
plt. figure(figsize = (40,40))
lgb. plot_importance(model_gas, max_num_features = 30)
plt. title("Featurertances")
```

plt.show()

最后的输出结果如图 6 - 7 所示。可以看到训练集和测试集的误差控制在可
接受的范围内，导出预测结果如图 6 - 8 所示。

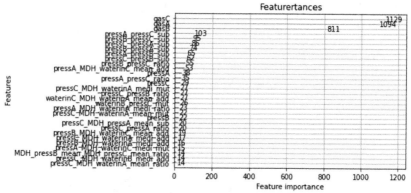

```
[285]    valid_0's l1: 9.8419      valid_0's l2: 273.024
[286]    valid_0's l1: 9.85308     valid_0's l2: 273.713
[287]    valid_0's l1: 9.85517     valid_0's l2: 274.207
[288]    valid_0's l1: 9.85087     valid_0's l2: 274.35
Early stopping, best iteration is:
[188]    valid_0's l1: 9.7387      valid_0's l2: 259.253
<Figure size 2880x2880 with 0 Axes>
```

```
CPU times: user 2min 35s, sys: 598 ms, total: 2min 35s
Wall time: 1min 20s
```

图 6 - 7　LGB 输出结果

ytable

	real	pred
0	1648.726837	1646.705949
1	1630.208344	1618.505903
2	1650.752350	1644.676122
3	1549.768585	1553.401297
4	1643.518524	1642.983282
...	...	...
1734	1596.932861	1565.442883
1735	1551.215240	1560.859816
1736	1444.444458	1449.751977
1737	1443.576355	1450.359181
1738	1677.372711	1676.256238

1739 rows × 2 columns

图 6 - 8　真实值与预测值的比对

6.4.4　数据可视化

下面的程序代码可以将真实值与预测值展示在同一张曲线图上，如图6-9所示。

```
plt.figure()
drawinfo = ytable
x = np.linspace(0,len(drawinfo),len(drawinfo))
plt.plot(x, Ytest, label = 'real')
plt.plot(x, ytable['pred'], label = 'pred')
plt.xlabel('time')
plt.ylabel('gas')
plt.title("real - pred")
plt.legend
```

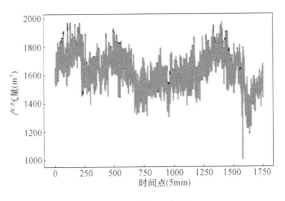

图6-9　数据可视化

或者可以利用代码将输出结果导出为 excel 表格，利用更加专业的绘图工具进行绘制，可视化效果会更好，如图6-10所示。

将输出的数据表格导出为 excel 格式的程序代码为：

```
from easyxlsx import SimpleWriter
ytable.to_excel('ytable.xlsx',index = False)
```

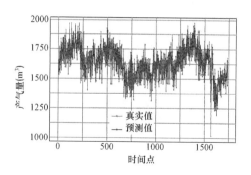

图 6-10　真实值与预测值的曲线图

[1] 吴金卓，马琳，林文树．生物质发电技术和经济性研究综述［J］．森林工程，2012，28（05）：102-106.

[2] 鲍敏，杨世品，李丽娟．基于新型BP神经网络的沼气生产预测［J］．计算机与应用化学，2019，36（04）：308-311.

[3] 王梅，高坤瑞，李永．利用回归方程对沼气发生量的预测［J］．环境与开发，2000（01）：39-40.

[4] 王利军．垃圾焚烧发电系统优化及综合利用技术［J］．发电技术，2019，40（04）：377-381.